Helmut Schimmel

KOMPOSTREVOLUTION

Natürlich gärtnern mit Wurmhumus

Fachverlag für Garten und Ökologie

OLV Organischer Landbau Verlag
Kurt Walter Lau

Widmung

Ich widme dieses Buch meinem verstorbenen Großvater, Herrn *Kurt Eckhardt,* der schon frühzeitig in mir die Liebe zur Natur, zum Garten und Boden und dessen Fruchtbarkeit legte.

Danksagung

Ein Autor schreibt ein Buch nicht allein, seine Umwelt schreibt mit. Deshalb möchte ich allen streitbaren Geistern und Helfern aus meiner Umgebung für ihre uneigennützige Hilfe zum Gelingen des Buches danken. Ich denke dabei besonders an meine Freunde *Manfred Wolf, Heinrich Rutschmann, Jens Woloszczuk* und nicht zu vergessen *Herwig Pommeresche,* den Hamburger in Norwegen, der mich immer wieder anregte und inspirierte.

Helmut Schimmel, Jena

Bibliografische Information der Deutschen Nationalbibliothek
Die Deutsche Nationalbibliothek verzeichnet diese Publikation in der Deutschen Kurzbibliografie; detaillierte bibliografische Daten sind im Internet über http://dnb.d-nb.de abrufbar.

Im Kuckucksfeld 1, 47624 Kevelaer, www.olv-verlag.de
Lektorat: Kurt Walter Lau
Satz: Marianne Feldbusch
Printed in Germany

ISBN: 978-3-922201-87-8

Fordern Sie bitte unverbindlich unseren Verlagsprospekt an!

Inhalt

Einleitung

Die „fetten" Jahre, in denen der Mensch auf geradezu unerschöpfliche Naturreserven zurückgreifen konnte, sind vorbei, schenkt man den vom Klimawandel heraufbeschworenen Szenarien Glauben. Der Jahrtausendealte natürliche Klimarhythmus ist gestört, denn eigentlich müsste die Erde sich gegenwärtig abkühlen. Dies ist aber nicht der Fall, weil die Erwärmung künstlich durch den Menschen herbeigeführt wird. Durch die Unmäßigkeit des Menschen bei der Nutzung der Naturreserven verändert die Menschheit die Erde zu ihrem Nachteil, bringt Natur und Umwelt in Gefahr.

Die aktuelle globale Herausforderung

Die Klimaerwärmung ist die größte globale Herausforderung der Menschheit des 21. Jahrhunderts. Die meisten Wissenschaftler stimmen darin überein, dass die derzeit stattfindende Klimaerwärmung durch die weltweit enorm gestiegenen Treibhausgasemmissionen menschengemacht ist, verursacht durch die fossile Energiegewinnung. Auch die Landwirtschaft und Nahrungsgüterproduktion tragen ihr Scherflein dazu bei (etwa 20 Prozent der Treibhausgasproduktion). Wir können nicht warten, bis die fossilen Energiereserven zu Ende gehen. Die Klimaveränderungen haben einen so beunruhigenden Stand erreicht, dass es notwendig ist, die Energiewende bereits jetzt herbeizuführen.

Wie die internationalen Klimakonferenzen bestätigen, werden international vertretbare Vereinbarungen aufgrund unüberwindlicher Interessengegensätze zwischen armen und reichen Ländern sowie durch systembedingte Gesellschaftskrisen nicht gerade begünstigt.

Die UNO-Klimakonferenzen basieren auf dem von allen Mitgliedsstaaten anerkannten und in Cancun, Mexiko, nochmals bestätigten Grundsatz, dass die Erderwärmung „sehr wahrscheinlich" auf die vom Menschen produzierten Treibhausgase zurückzuführen ist.

Die heutige kurzfristige, renditegetriebene Wachstumsorientierung führt nicht nur zu wachsender sozialer Ungleichheit auf globaler und nationaler Ebene, sondern auch zur Klimakrise durch fortschreitende Umweltzerstörungen. Es wäre deshalb wichtig, Überlegungen nach einer anderen Art Wachstum anzustellen, das sozial und ökologisch ausgeglichen ist. „Wachstum ist wichtig, aber nicht alles", konstatiert der von den Vereinten Nationen vorgelegte 20. Bericht über die menschliche Entwicklung. Es darf vor allem künftigen Generationen nicht schaden und deren Entwicklung behindern. Das nennt man „nachhaltiges Wirtschaften". Bei den Verhandlungen über Klimagerechtigkeit wurde deutlich herausgearbeitet, dass jeder Mensch das gleiche Recht auf CO_2-Emission hat, wobei es bei den einzelnen Staaten gewaltige Unterschiede gibt.

Was hat das alles mit dem Thema des Buches zu tun? Der Boden, der Wald und die Ozeane sind die weltweit größten CO_2-Senken (Speicher), also Orte, wo CO_2 aufgenommen, gespeichert und so der Atmosphäre entzogen wird. Der Mensch kann dafür sorgen, dass der Boden seine überaus wichtige lebenserhaltende Funktion als CO_2-Speicher im weltweiten Gleichgewicht der Ökosysteme wieder wahrnimmt. Das hat viel mit Humusanreicherung des Bodens und Humuswirtschaft zu tun.

Gegenwärtig läuft der entgegengesetzte Prozess ab. Man spricht davon, dass derzeit hundertmal mehr Humus abgebaut als aufgebaut wird. Die Wissenschaftler sind sich dessen bewusst, aber nichts passiert. Nur langsam setzt sich die Erkenntnis durch und wird in praktisches Handeln umgesetzt.

Natürlich soll Gartenarbeit in erster Linie Spaß machen. Gesundes Pflanzenwachstum, reiche Ernten von unbelastetem Obst und Gemüse und Freude an der Mannigfaltigkeit des Lebens über und unter der Erde. Das alles ist möglich bei einer ökologischen Bewirtschaftung im Einklang mit der Natur.

Als aufgeschlossener und umweltbewusster Kleingärtner und Naturfreund fühle ich mich aufs Engste und unmittelbar in das weltweite Ringen im Kampf gegen Klimaerwärmung, für nachhaltige Entwicklung und Umweltschutz sowie der Bekämpfung des Hungers auf der Welt einbezogen. Ich stelle zumindest eine gedankliche Beziehung her. Im Garten kann ich zwar in Ruhe vom Alltag abschalten, durch den Anblick der Natur, dem Anbau und Pflege von Blumen und Pflanzen bin ich gleichzeitig mit der gesamten Welt verbunden, denn essen müssen alle.

Die UNO hat ihr weltweites Ziel, die Anzahl der Hungernden zu halbieren, nicht erreicht.
Stattdessen sind jetzt über eine Milliarde Menschen von Hunger bedroht. Um die immer umfangreicher werdende Zahl der Weltbevölkerung mit Nahrungsgütern zu versorgen, bedarf es einer gemeinsamen Anstrengung auf allen Gebieten, insbesondere der Landwirtschaft.
Während in den industriell hoch entwickelten Ländern ein Teil der Menschen bei ihrer Ernährung den kulinarischen Exitus vorantreibt, sterben anderswo die Menschen an Unterernährung und Hunger.
Die kleinbäuerliche Produktion soll gegenwärtig bis zu 80 Prozent der weltweiten Nahrungsmittelproduktion sichern. Diese dient zu allererst der Selbstversorgung. Selbstversorgung ist nachhaltige Politik. Selbstversorgung und Gartenbau im Klein- oder Hausgarten liegen gar nicht so weit auseinander. Bei dieser Anbauweise können die Kompostierung von organischen Stoffen und Methoden des ökologischen Anbaus eine wichtige Rolle spielen.
Bei aller Hochachtung vor wissenschaftlichen Forschungen zur effektiven Erhöhung der Nahrungsgüterproduktion ist doch Hunger nicht nur ein Anbau- und Ertragsproblem, sondern auch ein Verteilungsproblem, eine Herausforderung an die menschliche Gesellschaft.
Um bei den wiederholten internationalen Beratungen und Klimagipfeln weiter voranzukommen und endlich konkrete und verbindliche Abkommen zu beschließen, ist ein Umdenken in mehrfacher Hinsicht geboten.

Notwendigkeit neue Wege zu beschreiten

Noch nie war die Notwendigkeit und Dringlichkeit neue Wege zu beschreiten, so groß wie heute. Besondere Beachtung verdient der Umstand, dass die Umstellung auf Ökoenergie auf der Grundlage nachwachsender Rohstoffe nicht zu Lasten der weltweiten Nahrungsgüterproduktion geschieht. Die Ressourcen der Erde sind begrenzt, wir müssen deshalb sparsam mit ihnen umgehen, d.h. auch Abschied vom ungestümen Wirtschaftswachstum zu nehmen. Der Klimawandel hat bereits eingesetzt, wir können ihn nur noch begrenzen. Ähnlich wie bei Erdbeben, deren Ort und Zeitpunkt niemand genau vorhersagen kann, so ist es auch beim Klimawandel. Man muss sich auf ihn einstellen, mit ihm leben. Wird ein bestimmter Schwellenwert der Erwärmung überschritten, überwiegen eindeutig die Nachteile der Klimaerwärmung, die im Einzelnen noch gar nicht abzuschätzen sind (Abtauen des Inlandeises, Erhöhung des Meeresspiegels um mehrere Meter, große Überschwemmungen lösen Völkerwanderungen aus).

Auch im Land- und Gartenbau kommt es in Zukunft verstärkt darauf an, Energie und Ressourcen zu sparen, d.h. keine Leistungssteigerung durch ständig steigenden Energie- und Materialeinsatz, wie z. B. Düngemittel oder Pflanzenschutzmittel. Im Gegensatz dazu sind die „Gratis"-Leistungen der Natur verstärkt zu nutzen. Diese sind eben kostenlos.

Die Auswirkungen der Kunstdüngerwirtschaft werden immer gravierender. Große landwirtschaftliche Fluren sind fast regenwurmfrei, verdichtet oder müssen, wie in den USA in den 1930er Jahren, ganz aufgegeben werden.

Um die Folgen dieser Wirtschaftsweise abzumildern, wurde der sogenannte Integrierte Landbau ins Leben gerufen. Dieser arbeitet mit Grenzwerten und Normativen für Anbau und Pflanzenschutz. Damit ist die Gefahr für Natur und Umwelt nicht gebannt, sondern bestenfalls eingeschränkt. Besser wäre eine andere Herangehensweise an das Problem, nämlich einer ökologischen, in dem man der Biologie einen gebührenden Platz als Wissenschaft von den Lebensvorgängen in Boden und Pflanze einräumt.

Es ist wichtig zu begreifen, dass der Landwirt, Gärtner oder Kleingärtner mit einem lebenden System Boden-Pflanze zu tun hat. Kleingärtner in ihrer Gesamtheit haben ein ziemlich großes Gewicht bei der allgemeinen Bewusstseinsbildung der Bevölkerung. Gerade im Kleingarten ergeben sich jenseits vom ökonomischen Druck der Großbetriebe vielfältige Möglichkeiten die Bodennutzung im Einklang mit der Natur zu gestalten, wie z. B. des Mulchens, der Kompostierung, des Mischanbaus, des behutsamen und pfleglichen Umgangs mit dem Boden und seinen zahlreichen Bewohnern, dem Edaphon.

Der Trend zur Konsumierung von Bioprodukten

Führend auf diesem Gebiet ist der ökologische Landbau, der sich in verschiedene Strömungen gliedert, die alle das gleiche Ziel ansteuern.
Das Argument, der konventionelle Anbau sei rentabler, überzeugt nicht. Es ist an der Zeit, die Folgekosten für den industriellen Landbau in die Rechnung einzubeziehen, die durch Umweltbelastung und Umweltverschmutzung entstehen. Die Forderung wird laut, dass auch für die Agrarindustrie das Verursacherprinzip gelten muss, anstatt die Folgekosten auf die Allgemeinheit abzuwälzen. Wie bei der Finanzkrise zahlt diese der Steuerzahler.
Durch die genaue Kenntnis der Vorgänge im Boden und deren Berücksichtigung in der Anbaupraxis lassen sich noch manche Reserven im Einklang mit der Natur und im Interesse des Umweltschutzes erschließen.
Bioprodukte sind derzeit im Trend. Für die Erweiterung des Bioanbaus besteht noch breiter Spielraum. Bei vielen Menschen erfreuen sich Bioprodukte im Interesse einer gesunden Ernährung großer Beliebtheit. Bioprodukte sollten im eigenen Land und regional erzeugt werden oder gleich im eigenen Garten.
Der Begriff „Bioanbau" musste schon einige Kritik über sich ergehen lassen. Denn Pflanzenanbau ist immer ein biologisches Geschehen, insofern ist der Begriff umgangssprachlich ausgedrückt „doppelt gemoppelt". Der Ausdruck „Bio" hat sich eingebürgert und jeder weiß, was gemeint ist. Ich möchte deshalb den Begriff trotzdem verwenden, obwohl er wissenschaftlich nicht korrekt ist.
Bioanbau bedarf einer starken und unbedenklichen Grundlage der Versorgung mit Pflanzennährstoffen, da er die Düngung mit chemisch hergestellten Kunstdüngern sowie den Einsatz von synthetischen Pestiziden ausschließt. Mancher Anfänger mag denken, es reicht auf chemische hergestellte Düngemittel und giftige Pflanzenschutzmittel zu verzichten. Um „Bio" anzubauen, müssen aber erst einige wichtige Grundlagen und Voraussetzungen geschaffen werden. Es ist die organische Düngung, die Humuswirtschaft, auf die es ankommt.
Die Rolle der Kompostierung spielt erfahrungsgemäß in diesem Zusammenhang eine bedeutende Rolle. Die Kompostierung, besonders die so-

genannte Kaltkompostierung, spielt im Kreislauf der organischen Substanz eine wichtige Rolle, sie ist quasi das Rückgrat des ökologischen Land- und Gartenbaus. Darüber hinaus ist es vorteilhaft, sich von einigen überholten Gewohnheiten bei der Gartenbewirtschaftung zutrennen.
Durch neue wissenschaftliche Erkenntnisse in den zurückliegenden Jahren sind die Positionen
des ökologischen Anbaus gestärkt worden. Mir ist bewusst und man kann es immer wieder beobachten, dass besonders bei Kleingärtnern überlieferte Verfahren und alte Gewohnheiten recht zählebig sind.
Das Anliegen meines Buches ist es, dem interessierten naturverbundenen Gärtner zu helfen, neue zeitgemäße, revolutionäre Schritte zu wagen, auch wenn sie vorerst damit den Spott und die Verwunderung der lieben Nachbarn hervorrufen.

Alternativen zur herkömmlichen Kompostierung

Warum greift der Gärtner zur Kompostierung? Das hat etwas mit der Natur des Bodens, mit seiner Entstehung, seiner Struktur und seinen Eigenschaften zu tun. Landwirtschaftlicher Boden und Erde haben sich über Jahrtausende entwickelt, unterliegen ständigen Veränderungen, die den wachsenden Pflanzen zum Vor- oder Nachteil gereichen können. In der Aufbauphase reichert sich der Boden mit Mineralien und mit mehr oder weniger schwer abbaubarer organischer Substanz an, die Fruchtbarkeit nimmt zu. Naturbedingt folgt darauf eine degenerative Phase, in der der Boden wieder an Fruchtbarkeit verliert. Der Einfluss des Menschen kann ebenfalls positiv oder negativ auf den Boden wirken. In der Tausende von Jahren zählenden Geschichte des Ackerbaus lernte der Mensch, den Boden zu verbessern. Die einfachste Methode, er lässt die Pflanzenabfälle einfach auf dem Feld liegen (als Mulch), Kompostierung an Ort und Stelle. Im Laufe der Zeit und mit Beginn der industriellen Revolution wurden im Gartenbau und in der Landwirtschaft spezielle Kompostverfahren entwickelt, die den Anforderungen der Zeit und der Entwicklung der Landwirtschaft besser gerecht wurden.

Das klassische Kompostierungsverfahren

Unter Kompostierung versteht man im Allgemeinen die sogenannte Heißkompostierung. Sie hat eine lange Tradition und sich bei den Kleingärtnern, zumindest in unserer Kleingartenanlage bei Gera, allgemein durchgesetzt. Ich meine das althergebrachte Aufsetzen der unterschiedlichen Abfälle in verschiedenen Schichten.

Aus Zeitmangel werden oft die organischen Abfälle auf einen Haufen geworfen, nicht aufgeschichtet und man überlässt sie sich selbst. Das arbeitsaufwendige Umsetzen der Mieten wird nur selten durchgeführt. Einige Gartenfreunde entledigen sich auf diese Art und Weise der lästigen Gartenabfälle und sind der Ansicht, etwas Gutes für ihren Garten getan zu haben.

Immerhin besser als gar keine Kompostierung! Die Rotte in solchen ungepflegten Komposthaufen ist unvollständig, es treten Zonenbildungen im Innern auf, Fäulnisprozesse sind möglich, die zu Geruchsbelästigungen und Verlusten in gasförmiger (Ammoniak) und flüssiger Form (Sickerwasser) führen. Duftstoffe infolge von Fäulnisprozessen locken Fliegen, besonders Gärfliegen, an. Die Zersetzung der organischen Substanz verläuft langsam.

Zu der viel gepriesenen starken Erhitzung (über 60 Grad Celsius) im Innern des Komposthaufens kommt es nur, wenn in Großanlagen genügend frische organische Masse gleichzeitig aufgesetzt wird. Es soll zur Hygienisierung (Abtötung von Krankheitskeimen) und der Auskeimung von Wildpflanzensamen führen.

Bei Kleinanlagen wird diese hohe Fermentationswärme nur selten erreicht, sodass der angebliche Hauptvorteil der klassischen Kompostierung bei Kleinanlagen nur unvollständig greift.

Aufgrund dieser Unzulänglichkeiten suchten Praktiker und Wissenschaftler schon früh nach anderen, besseren Wegen der Abfallverwertung und Nutzbarmachung der organischen Biomasse. Besonders der ökologische Land- und Gartenbau ist auf hochwertigen organischen Dünger angewiesen, weil er aus Prinzip keine synthetisch hergestellten Dünger einsetzt.

Die verschiedenen Richtungen im ökologischen Anbau vertreten unterschiedliche Meinungen, die von der ausdrücklichen Befürwortung bis hin zur grundsätzlichen Ablehnung der Kompostierung reichen.

In den vergangenen Jahren kamen bei der Kompostierung Regenwürmer ins Spiel.

Bei diesem sogenannten Kompost- oder Humuswurm handelt es sich um einen Streuwurm. Er erfreut sich bei einer Reihe von experimentierfreudigen Gärtnern großer Beliebtheit. Was hat es mit diesem kleinen Wurm auf sich?

Die Autoren der Branche äußern sich unterschiedlich. Die ausführliche Darstellung zur herkömmlichen Kompostierung, deren Grundlagen und

Methoden, die angeblich der Natur nachempfunden sind, stehen nach wie vor im Vordergrund. An diesem Verfahren ist nicht mehr viel zu verbessern, abgesehen von der Vielzahl der angebotenen Kompostbehälter und -tonnen, die bevorzugt dem schönen Aussehen dienen und dem Geschäft der Hersteller geschuldet sind.
Die Ausführungen einiger Autoren werden damit abgeschlossen, dass sie zur Abrundung ihres Themas und der Vollständigkeit wegen noch einige flüchtige Bemerkungen über den Einsatz von Kompost- bzw. Humuswürmern bei der Aufbereitung und Verwertung von organischen Stoffen verlieren. Mit der Bemerkung, das ist ja alles schön und gut, aber zu kompliziert.
Bei genauem Lesen dieser Ausführungen komme ich nicht umhin, zu vermuten, dass diese Verfasser noch keinen einzigen Kompostwurm in der Hand gehalten haben.
Ihre Unkenntnis hält sie aber nicht davon ab, in ihren Veröffentlichungen Wertungen über Haltung und Nutzen des Einsatzes von Würmern bei der Kompostierung abzugeben.
Aus der Vielzahl der Verfahren und Meinungen über Abfallbeseitigung und Bodenverbesserung den richtigen zeitgemäßen, dem heutigen Wissensstand entsprechenden ökologischen Weg zu finden, soll Anliegen dieses Buches sein.

Thesen zur Wurmhumus-Kompostierung

Meine These lautet: Wir haben es bei der Wurm- oder Vermi-Kompostierung (griechisch vermi: der Wurm) mit etwas völlig Neuem zu tun, was wenig mit dem konventionellen Kompost gemein hat, das vor allem besser ist als alles Vorangegangene. Das Endprodukt, die Wurmlosung, wie man den Wurmkot bezeichnet, ist nicht vergleichbar mit dem bisherigen Kompost. Es liegt eine neue Qualität vor.
An dieser Stelle möchte ich Altbundeskanzler *Helmut Kohl* mit seinem bekannten Spruch bemühen:
„Entscheidend ist, was am Ende hinten rauskommt."

Das trifft beim Humuswurm sowohl im wörtlichen als auch im übertragenen Sinne zu.
Diese „neue" Methode ist geeignet, den heutigen Anforderungen an Natur-, Umwelt- und Klimaschutz weit besser gerecht zu werden als alle bisherigen Verfahren.
Es besteht ein immer größer werdender Widerspruch zwischen Vergeudung von Naturkräften und Ressourcen beim herkömmlichen Kompostverfahren (unvermeidliche Verluste in gasförmiger und flüssiger Form bei der Heißvergärung) und der zunehmenden Notwendigkeit des Schutzes von Natur und Umwelt (nachhaltige Entwicklung zur Eindämmung der Klimaerwärmung), der dringend einer Lösung bedarf. Die Kompostierung ist Teil der sich widerstrebenden Ansichten von Humuswirtschaft und ökologischem Garten- und Landbau auf der einen Seite und der sogenannten Mineralstofftheorie von *Justus von Liebig,* auf die sich die Chemieindustrie stützt und der konventionelle Landbau sich gründet, auf der anderen Seite. Diese These soll in den nachfolgenden Ausführungen im Detail bewiesen werden.
Nicht nur die Landwirtschaft, sondern die gesamte Gesellschaft steht vor großen Veränderungen revolutionären Ausmaßes.
Krisen- und Pumpkapitalismus gefährden eine nachhaltige Entwicklung und den weltweiten Kampf gegen den bereits begonnenen Klimawandel. Alles Neue braucht der Förderung und der Publikation, um sich endgültig durchzusetzen.
Es bedarf vor allem Menschen, die sich dafür einsetzen, die von der neuen Methode und den Vorteilen überzeugt sind. Mit diesem Buch suche ich Verbündete für dieses Anliegen, das bei breiter Anwendung nicht nur für den Kleingärtner, sondern für die gesamte Gesellschaft von Nutzen wäre. Es wäre auch dazu geeignet, das Bewusstsein der Menschen für den Schutz des Bodens und seiner Lebewesen zu schärfen. Die Nahrungsgüterproduktion geht alle an. Denn bevor alles andere kommt, muss der Mensch essen, trinken und sich kleiden. Damit ist die Landwirtschaft die Grundlage allen anderen Wirtschaftens.
Da die landwirtschaftliche Produktion von immer weniger Menschen ausgeübt wird, ein Landwirt ernährt heute in den fortgeschrittenen westlichen Ländern bereits 127 Menschen, sind die meisten Bürger von der Urpro-

duktion getrennt und interessieren sich nicht sonderlich dafür. Wir Kleingärtner schließen diese Lücke wieder, fühlen uns eng verbunden mit Boden und Pflanze, mit Natur und Klima.
Zur Ruhe kommen, Entspannung, Umdenken, Bescheidenheit, Naturverbundenheit, Umgang mit Tieren und Pflanzen und Nachhaltigkeit bei der Bewirtschaftung und Düngung des Bodens, das tut auch dem Menschen gut. Der Mensch findet wieder zu sich selbst, aber nicht, indem er alles Neue ablehnt und an alten Gewohnheiten hängt, sondern sich neuen Entwicklungen und Erkenntnissen stellt, sich mit ihnen auseinandersetzt, sich für das Neue begeistert und seinen Teil dazu beiträgt, dass es sich durchsetzt.
Angeregt durch die Beschäftigung und Gestaltung meines Gartens setze ich mich mit all den damit verbundenen Problemen gedanklich auseinander, fühle mich dabei eng verbunden mit den großen Menschheitsfragen Krieg und Frieden, Umwelt- und Klimaschutz sowie der Bekämpfung des Hungers auf der Welt.

Alternative Kompostverfahren

Alternative Kompostverfahren findet man beim ökologischen Landbau, der sich schon recht früh entwickelte, als Antwort auf die einseitige Auslegung und Anwendung der Mineralstofftheorie nach *Liebig* durch die Chemiedüngerindustrie.
Der ökologische Anbau ist keine einheitliche Lehre, nur das zu erreichende Ziel ist gleich.
Die verschiedenen Strömungen im ökologischen Anbau können für den Außenstehenden zu einiger Verwirrung sorgen. Es ist deshalb wichtig, die Humuswirtschaft richtig einzuordnen und zu bewerten.
Die wahren Kompostmeister im alternativen Anbau sind die Vertreter des biologisch-dynamischen Landbaus. Mit unterschiedlichen Zusätzen und Präparaten versuchen sie, den Kompostierungsprozess in ihrem Sinne zu beeinflussen. Sie sind die Spezialisten der Pflanzenauszüge und Jauche-

anwendungen. Die biologisch-dynamische Methode geht auf den „Landwirtschaftlichen Kurs" des Anthroposophen *Dr. Rudolf Steiner* aus dem Jahr 1924 zurück.
Nach seiner Lehre geht die organische Substanz des Komposthaufens unter bestimmten Bedingungen mit der Umgebung Beziehungen ein, die ein Eigenleben entfalten.
Die Beachtung von kosmischen Rhythmen (Gärtnern nach dem „Mondkalender") und die Verwendung sogenannter Präparate machen sie zu einer der anspruchsvollsten alternativen Landbaumethoden (*Bockemühl* 1981). Diese Methode erfordert einige Fachkenntnisse. Die Herstellung von Pflanzenauszügen und die Jaucheanwendungen zur Kompostherstellung sind aufwendig und nicht jedermanns Sache.
Für mich und meine Betrachtungen ist besonders interessant, dass diese Methode versucht, die Erwärmung im angesetzten Kompost auf plus 40 Grad Celsius zu beschränken, in dem Wasser oder Jauche in eine Rille oben auf dem Komposthaufen gegeben werden.
Sie vertreten die berechtigte Auffassung, dass die Keim- und Samenabtötung durch eine starke Erhitzung des sich zersetzenden Materials auf plus 70 Grad Celsius und mehr unnütz und der Humusbildung abträglich ist.
Die Natur kennt keine Kompostierung im herkömmlichen Sinn, nur die Flachkompostierung. Nach *Rohrhofer* (1983) mindert der biologische Landbau durch die Anwendung der Heißkompostierung die volle Leistungsfähigkeit seiner Böden.
Im Gegensatz zur biologisch-dynamischen Richtung lehnen deshalb die Vertreter des organisch-biologischen Landbaus die Kompostierung grundsätzlich ab. Für sie ist es Energieverschwendung, eine Ansammlung von großen Mengen organischer Substanz, wie sie in der Natur nicht vorkommt. Diese Landbaumethode stammt aus der Schweiz und ging aus der in den 1930er Jahren gegründeten „Bauernheimatbewegung" hervor, an deren Spitze *Dr. Hans Müller* stand. Er arbeitete eng mit dem deutschen Arzt *Dr. Hans Peter Rusch* (2004) zusammen.
Die Verfechter des organisch-biologischen Landbaus treten dafür ein, dass der Abbau- und Verrottungsprozess an Ort und Stelle des Verbrauchs (also nahe an der Pflanze) stattfindet, damit die volle biologische Potenz der lebendigen organischen Substanz auf Boden und Pflanze

übertragen wird. Das entspricht ihrer Theorie vom Kreislauf des Lebendigen.
Sie befürworten die ganzjährige, ganzflächige Bodenbedeckung oder Flächenkompostierung, bei der es zu keiner nennenswerten Temperaturerhöhung kommt.
Gegen das Mulchen habe ich nichts einzuwenden, im Gegenteil. Aber auf einen gut vererdeten Kompost möchte ich nicht vollständig verzichten, ist er doch für Topfpflanzen, Jungpflanzenanzucht und örtliche Bodenverbesserung sowie Düngung im Kleingarten unverzichtbar.
Wissenschaftler haben sich in der Vergangenheit den Kopf zerbrochen, wie die Verrottungstemperatur auch bei der Haufenkompostierung zu senken ist, um die Effizienz der Kompostierung zu verbessern.

Kaltkompostierung in Form der Vermi-Kompostierung

Auch bei der Vermi-Kompostierung soll die Temperatur nicht unnötig steigen. Humuswürmer lieben im Gegensatz zu den anderen Erdwürmern Wärme für schnelles Wachstum und Entwicklung. Aber eine Temperatur über 30 Grad Celsius gefällt ihnen ganz und gar nicht. Sollte es trotzdem dazu kommen, weichen sie zu kühleren Stellen aus. Ihr bevorzugter Temperaturbereich bewegt sich zwischen plus 15 Grad Celsius und 25 Grad Celsius. Diesen Temperaturbereich finde ich optimal, weil dadurch gleich mehrere Ziele und Anforderungen erreicht und abgedeckt werden. Mit dieser Temperatur wird die starke ungünstige Erhitzung bei der Heißvergärung geschickt umgangen, und gleichzeitig die gewünschte Tätigkeit Wärme liebender, Streu abbauender Würmer gefördert. Wurm ist nicht gleich Wurm.
Bei den zur Vermi-Kompostierung zum Einsatz kommenden Würmern handelt es sich nicht um übliche Erdwürmer, sondern um Oberflächenwürmer, wiederum im Gegensatz zu den vertikal bohrenden Tiefenwürmern, zu denen beispielsweise der uns allen bekannte Regenwurm, auch Aal- oder Tauwurm *(Lumbricus terrestris)* genannt, gehört.
Beim Humus- oder Kompostwurm soll es sich um eine Art „Haustier" handeln, das sich „züchten" lässt und mehr oder weniger auf den Menschen

angewiesen ist. Wissenschaftler bezweifeln das. Dieser kleine Wurm gehört zur Gattung *Eisenia.* Sein Einsatz in der Humuswirtschaft ist für die Verbesserung der Bodenfruchtbarkeit von grundsätzlicher Bedeutung. Bei richtigem Wurmeinsatz werden die unkontrollierten stürmischen Prozesse der Heißphase der Kompostierung, die zu Materialzehrung und Nährstoffverlusten in gasförmiger und flüssiger Form führen und der Humusbildung abträglich sind, umgangen. Dieser Wurm beteiligt sich zu einem sehr frühen Zeitpunkt am Zersetzungsprozess der organischen Substanz, lenkt diese in vernünftige Bahnen und leitet schließlich die Bildung von Ton-Humus-Komplexen im Wurmdarm ein. Und das ist genau das, was der ökologisch orientierte Gärtner anstrebt: Dauerhumus, der in feinen Bodenkrümeln (Wurmkot) verpackt, eine riesige Anzahl von Mikroorganismen beherbergt und der Pflanze optimale Bodeneigenschaften in chemischer, biologischer und physikalischer Hinsicht bietet. Solch eine harmonische Komplettversorgung schafft kein chemisches Düngemittel.
Bei der Vermi-Kompostierung werden die Rotte- und Umsetzungsprozesse in eine für den Gärtner vorteilhafte Richtung gelenkt, die zu einem „milden" Humus, dem Mull, führt, der insbesondere im Garten- und Gemüsebau wegen seiner neutralen bis leicht sauren Reaktion sehr geschätzt wird.
Die Temperatur ist bei der Kompostierung eine der wichtigsten Einflussfaktoren, so auch bei der Wurmkompostierung, mit dem entscheidenden Unterschied, den Temperaturanstieg nicht zu fördern, sondern niedrig zu halten. Dieser Wurm hält sich als Streu- und Oberflächenwurm hauptsächlich in den obersten 20 bis 30 Zentimeter starken Schicht auf und ist bezüglich seiner Temperaturansprüche – zumindest zeitweise – auf die Zersetzungswärme der Mikroorganismen angewiesen. Er ist deshalb zur Flächenkompostierung geeignet, bei der es nur zu einem moderaten Temperaturanstieg kommt. Die meisten uns bekannten einheimischen Erdwürmer bevorzugen kühle Aufenthalte und wandern in den Kompost erst ein, wenn dieser die normale Erdtemperatur angenommen hat. Nicht so beim Humuswurm, er frisst sich Schicht für Schicht von unten nach oben durch das von Mikroorganismen befallene organische Material, ohne dass es zu einer übermäßigen Erwärmung kommt.

Die Wurmkompostierung könnte ein Verfahren sein, dem auftretenden Energieverlust bei der konventionellen Kompostierung Einhalt zu gebieten. Damit würde ein wichtiges Anliegen des organisch-biologischen Landbaus erfüllt, nämlich die unnatürliche Energieverschwendung bei der Kompostbereitung zu stoppen.

Unterschiede bei der Rotteführung

Für die althergebrachte Kompostmiete gibt es feste Vorschriften, beispielsweise wie die verschiedenen organischen Abfälle in Schichten nacheinander aufzusetzen sind: eine Schicht Pflanzenabfälle, eine Schicht Kalk, eine Schicht Erde sowie eine Schicht Stallmist. Stallmist ist für die meisten heutigen Kleingärtner kaum noch zu beschaffen. Bei der richtigen Mischung der Ausgangsstoffe geht es auch ohne tierische Fäkalien.

Kompost bedeutet „Zusammengesetztes". Daher auch der Ausdruck „Die Mischung macht´s", in dem Sinn, dass Abfälle unterschiedlicher Art und Herkunft (feuchte stickstoffreiche und trockene kohlenhydratreiche) miteinander vermischt werden.

Die Goldenen Regeln der Kompostierung

Die Unterschiede und Gemeinsamkeiten zwischen einer herkömmlichen Kompostierung und der Vermi-Kompostierung möchte ich anhand von Auszügen der „Zehn Regeln für guten Kompost" nach der Högl GmbH herausarbeiten:

1. *Kompostmaterial niemals in eine Grube legen, denn dort kann keine Luft an das Material gelangen; Kompost ohne Sauerstoff = Fäulnis und Gestank (Methangärung).*

Da bei der Wurmkompostierung der Feuchtigkeitsgehalt etwas höher liegen soll, kann man hier eine Ausnahme machen und die Kompostfläche geringfügig etwas niedriger legen. Der stärkere Erdkontakt wirkt als Temperaturausgleich und als Kälteschutz. Zur Sicherung einer guten Durchlüftung ist besonders in der untersten Schicht grobes luftdurchlässiges Material (Holzspäne, Strohhäcksel) verstärkt beizumischen.

2. *Keine Kompostbehälter verwenden, die nach allen Seiten geschlossen sind; dies führt ebenfalls zu Luftmangel.*

Grundsätzlich sorgt die Benutzung eines gekauften Kompostbehälters nicht automatisch für einen ordnungsgemäßen Ablauf der Kompostierung. Die Abgrenzung der Behälter nach außen setzt Würmern gewisse Grenzen, die sie jedoch als „Nachtkriecher" zu überwinden vermögen. Für einen mittleren Kleingarten sind die angebotenen Komposter zu klein, zu teuer und nicht optimal für die Vermi-Kompostierung.
Meine persönliche Meinung ist daher die: Komposter sehen gut und sauber aus und sind eher etwas fürs Auge.
In den Regeln 3 und 4 wird auf Erdanschluss (keine feste Unterlage aus Stein oder Beton) verwiesen und dass frischer Rasenschnitt nur ganz dünn aufzutragen ist. Das gilt für beide Verfahren.
Unter der Regel 5 heißt es:

> *Als Zusatz eventuell normale Gartenerde, Komposterde oder Gesteinsmehl als Verrottungsbeschleuniger dünn über die einzelnen Schichten streuen.*

Das gilt auch für die Wurmkompostierung. Darüber hinaus streue ich kleine Mengen feinen Sand auf das Verrottungsmaterial. Feinste Sandkörnchen werden vom Erdwurm aufgenommen und begünstigen die Darmtätigkeit (wirken als Mahlsteine). Sand dient des Weiteren zur Auflockerung des sehr feuchten Endproduktes, das anfangs zum Verschmieren neigt. Im Wurmdarm werden die Grundlagen für die Bildung der gewünschten stabilen Ton-Humus-Komplexe gelegt.
Der Gartenfreund, der über ton- und lehmarme Gartenerde verfügt, sollte Ton bewusst dem Kompostmaterial zuführen (z.B. Bentonit).
Handelsübliche Kompostbeschleuniger sind bei der Wurmkompostierung nicht erwünscht. Sie widersprechen dem Bemühen, den Abbauprozess überwiegend über den Wurm laufen zu lassen. Der Abbauprozess des Wurmfutters sollte nicht zu weit fortgeschritten sein, bevor es vom Erdwurm aufgenommen wird.

6. Abfälle, die Tiere anlocken, stets mit Erde gut abdecken.

Viele Autoren lehnen die Zugabe von Fleisch- und Tierresten wegen der Gerüche und Anlocken von Nagetieren grundsätzlich ab. Da die Bedingungen in jedem Garten unterschiedlich sind, ist auch die Gefahr, die von solchen Abfällen ausgeht, unterschiedlich.

7. Vollkommene Trockenheit vermeiden: Kleinlebewesen brauchen Feuchtigkeit.

Dieser Punkt ist auch eine Frage der Standortwahl. Pralle Sonne ist zu meiden, Halbschatten zu bevorzugen. Ein windgeschützter Ort unter einem Baum ist immer gut. Bei warmen und trockenen Wetterlagen überbrause ich die Wurmanlage regelmäßig mit einer Gießkanne Wasser. Das Wurmfutter sollte feucht, aber nicht nass sein. Bei Regenwetter ist die Auswanderungsgefahr der Erdwürmer am größten. Ich schütze deshalb meine Wurmanlage gegen länger anhaltenden Regen mit einer luftdurchlässigen Plane. Das ist ganz wichtig, nicht nur für den Wurm, sondern auch für die unzähligen Mikroorganismen, sodass es auch für die konventionelle Kompostierung zu empfehlen wäre. Macht aber keiner!
Die meisten Humuswürmer halten sich in einer etwa 20 bis 30 Zentimeter starken oberen Schicht auf, die locker, feucht, sauerstoffreich und durch ständige Neuzufuhr von absterbender organischer Substanz geprägt ist.
Ein wichtiger Gesichtspunkt der Kompostierung bleibt bei den „Goldenen Regeln" außen vor, nämlich stickstoffreiches und stickstoffarmes Ausgangsmaterial richtig miteinander zu kombinieren. Das anzustrebende Verhältnis zwischen Stickstoff und Kohlenstoff in den organischen Abfällen wird in Kapitel IV erläutert.

Gründe für ein Umdenken

Beim Vergleich beider Kompostverfahren werden folgende Gesichtspunkte offensichtlich:

– Betrachte ich die Empfehlungen und die Eigenarten der beiden Kompostverfahren, dann fällt auf, dass in der praktischen Durchführung eine Reihe von Gemeinsamkeiten vorhanden sind. Daraus könnte man schlussfolgern, wer erfolgreich konventionell kompostiert, der kann seine Kompostabfälle ohne größere Umstellungen – die notwendige

Einstellung vorausgesetzt – auch mit Hilfe von besagten Erdwürmern in einen hochwertigen Wurmhumus-Kompost veredeln lassen. Es bedarf nur kleiner Veränderungen und einer entsprechender fachlichen Anleitung: Gewusst wie?

- Die bisherige konventionelle Kompostierung ist veraltet, überholt, umweltgefährdend und wissenschaftlich durch die Theorie vom „Kreislauf der lebendigen Substanz" (*Rusch* 2004) [darauf komme ich in Kapitel X noch zu sprechen] widerlegt. Diese wenigen Tatsachen müssten für den bewussten Biogärtner ausreichen, um eine Veränderung anzustreben.
- Es ist erwiesen, dass die starke Erhitzung großer Massen von organischer Substanz bei der bisherigen Kompostbereitung unnatürlich ist, länger anhaltende hohe Temperaturen zu einer starken „Materialzehrung" in Form von entweichenden Gasen und Auswaschung von Nährstoffen ins Grundwasser führen und nachweislich der Humusbildung abträglich sind.
- Ein Vorteil der Vermi-Kompostierung liegt in der Verhinderung von Fehlentwicklungen beim Rotteprozess. Denn hat der Humuswurm erst einmal Fuß gefasst und das Material in seinem Darm aufgenommen, sind keine abrupten Reaktionen mehr möglich, die Umsetzungen verlaufen stabil in die von uns gewollte Richtung. Im Wurmdarm werden mithilfe der überaus reichen Darmflora die in Verdauung befindlichen Stoffe durch mechanische Vermischung sowie durch biologische und chemische Prozesse Grundlagen für eine stabile Humusbildung gelegt. Das heißt, Kompostierungsphasen werden eingespart bzw. zusammengedrängt. Der Rotteprozess wird verkürzt.

Dieser Vorgang wird von *Thomsen* (2007) unter dem Abschnitt „Kompost für Realisten" auf Seite 74 wie folgt beschrieben: „Für den durchschnittlichen Gärtner besteht die einfachste Lösung bei der Entsorgung der meisten weichen Abfälle in der Anlage eines ´faserreichen´ Komposthaufens. Die hier beschriebene Methode basiert auf einem im Centre for Alternative Technology (CAT) in Wales entwickelten Verfahren. Die wesentlichen Bestandteile sind grüne Küchen- und Gartenabfälle sowie Papier und Pappe."

Er schreibt weiter: „Für diese Kompostiermethode sind Würmer entscheidend, aber keine normalen Regenwürmer, die im Boden leben, sondern kleinere Arten, die Mistwürmer genannt werden. Im Grunde ist ein solcher Komposthaufen eine große Wurmkultur."
Weiter heißt es: „In einem faserreichen Komposthaufen spielt sich die eigentliche Zersetzung in der dünnen Schicht aus frischem Pflanzenmaterial über dem bereits reifenden Kompost ab. Dort sollte es vor Würmern nur so wimmeln. Somit brauchen Sie nichts weiter zu tun, als den Komposthaufen mit neuen Pflanzenabfällen zu „füttern". Ein Umsetzen ist nicht erforderlich."
Diese vorgestellte Variante halte ich durchaus für eine aussichtsreiche Alternative zum bisherigen Kompostverfahren.

Grundelemente des Lebens im organischen Landbau

Wasser, Luft und Erde werden im organischen Landbau als Grundelemente des Lebens bezeichnet *(Rusch* 2004). Wo sie fehlen, gibt es kein Leben, auch wenn alle anderen Voraussetzungen erfüllt sind. Das trifft auch voll und ganz auf unseren Garten und auf unsere Kompostanlage zu, wo wir auf die Arbeitsleistung der Bodenlebewesen angewiesen sind. Wer die zehn Regeln der Kompostierung aufmerksam liest, wird erkennen, dass die meisten sich mit der Gestaltung der drei Faktoren Feuchtigkeit, Temperatur, Durchlüftung und deren Wechselwirkungen untereinander beschäftigen.
Im Laufe des Zersetzungsprozesses können sich die Bedingungen zwischen den drei Faktoren durch einsetzende Erwärmung und nachtägliche Austrocknung verändern.
Auch das Ausgangsmaterial der Futterstoffe spielt eine wichtige Rolle. Luftundurchlässiges Material kann die Durchlüftung behindern. Da die Rotte ein aerober Prozess ist, sollten die Luftzufuhr und der Sauerstoffzutritt in jedem Fall gewährleistet sein. Bei der Wurmkompostierung sind zusätzlich zu den Bedürfnissen der Bodenmikroorganismen die der Humuswürmer zu beachten.

Ist es zu trocken, laufen die Umsetzungsvorgänge nur schleppend oder gar nicht ab. Mit zunehmender Feuchtigkeit wird die Zersetzung beschleunigt und die Temperatur erhöht, nähert sich einem Maximum, um bei weiterer Steigerung wieder abzufallen. Das ist unsere Chance, die wir bei der Begrenzung der Substrattemperatur bei der Vermi-Kompostierung bewusst ausnutzen, um die Temperatur nicht über 30 Grad Celsius steigen zu lassen. Wir geben einfach vorsichtig Wasser zu und weniger frisches Futter. Dieses Geheimnis zu durchschauen ist der Trick, um den Prozess in eine von Menschen gewollte Bahn zu lenken.

Ist die Feuchtigkeit im Kompostmaterial zu hoch, gewinnen die anaeroben Bodenmikroorganismen die Oberhand, es kommt zu Gärung und Fäulnis, d.h. zu unerwünschten Abbauprozessen. Mit anderen Worten: „Es stinkt!" Gase werden freigesetzt und Nährstoffe mit dem Sickerwasser ausgewaschen. Länger anhaltende hohe Temperaturen bewirken Verluste durch starke „Materialzehrung" bzw. Substanzverluste. Masseverluste, die ebenfalls eintreten, sind etwas anderes. Sie entstehen, wenn das Substrat in sich zusammensackt. Die Einhaltung der richtigen Feuchtigkeit ist und bleibt ein „Drahtseilakt". Erfahrung und Fingerspitzengefühl sind gefragt. Als Orientierung für den richtigen Feuchtigkeitsgehalt des Kompostmaterials bediene ich mich der „Faustprobe".

Mit einer guten Durchlüftung werden die Aktivitäten der Sauerstoff liebenden Bodenorganismen gefördert. Für seinen Energie- und Baustoffwechsel ist der Wurm ebenfalls auf Sauerstoff angewiesen. Er sucht selbständig in der Wurmanlage die Zonen, Schichten und Tiefen auf, die ihm eine optimale Wärme-, Sauerstoff- und Nährstoffversorgung (frisches Futter) sichern.

Der Wurm hat keine Lungen, er nimmt Sauerstoff über die Haut auf. Er ist nicht unbedingt auf Luftsauerstoff angewiesen, kann diesen auch über Wasser aufnehmen.

Trotz der enormen Anpassungsfähigkeit der Würmer ist der Durchlüftung der zu verfütternden organischen Substanz große Aufmerksamkeit zu schenken. Da bei der Wurmhumuskompostierung der Zersetzungs- und Abbauprozess in einem feuchteren Milieu abläuft, ist die Durchlüftung durch Zugabe von gröberem, schwer zersetzbarem Material (z.B. Holzschnitzel) zusätzlich zu fördern. Dieses Material nenne ich Strukturmaterial. Es verhindert, dass das Wurmfutter zu einer faulenden luftundurchdringlichen Masse zusammenbäckt. Bei der Vermi-Kompostierung sollte es bis zu einem Drittel der Ausgangsmasse ausmachen. Es sorgt – gut gemischt mit anderen Bestandteilen – für eine optimale Struktur im Substrat. Ich möchte an dieser Stelle noch einmal auf den gravierenden, alles entscheidenden Unterschied zwischen beiden Verfahren verweisen: Es ist die Ausschaltung des enormen Temperaturanstiegs in der ersten Rottephase, der von Bakterien geleistet wird, die die Natur sich für Extremfälle vorbehalten hat. Die Kompostierung wird hier zu einem unnötigen Umweg gezwungen, der sowohl Energie als auch Material kostet. Deshalb gilt die Heißrotte im organisch-biologischen Landbau als ineffizient. Das große Verdienst des gesteuerten Verfahrens der Wurmkompostierung ist diesen Temperaturanstieg sowohl für den Wurm als auch für die Mikroorganismen in einem niedrigen ausgewogenen Maß zu halten.

Zusammenfassung

Die beiden Kompostverfahren unterscheiden sich grundsätzlich durch große Temperaturdifferenzen in der Anfangsphase der Rotte. Die erste Phase der Verwesung hat großen und entscheidenden Einfluss sowohl auf vermeidbare Rotteverluste, die Stabilität des aeroben Zersetzungsprozesses als auch auf den weiteren Humifizierungsprozess und so letztlich auf das fertige Endprodukt.
Durch den Wegfall des enormen Temperaturanstiegs bleibt der Natur der aufgezwungene Umweg der Heißvergärung mit großen Energie- und Materialverlusten erspart.
Die Gemeinsamkeiten in der praktischen Durchführung bestätigen, dass die Vermi-Kompostierung aus der konventionellen Kompostierung erwächst.
Verbunden mit den neuesten Erkenntnissen des ökologischen Landbaus führt der Abbauprozess zu einem völlig neuen Endprodukt, mit anderen, qualitativ höherwertigen Eigenschaften für Boden und Pflanze, die den höchsten Ansprüchen des ökologischen Gartenbaus genügen.

Bei der Wurmkompostierung wird der Erdwurm von seiner Außenseiterrolle bei der Kompostierung befreit, er wird gemeinsam mit dem Heer der Mikroorganismen Hauptakteur beim Rotteprozess und der Kompostierung; er ist der wahre Held des Untergrundes, der Bodenbildner schlechthin, nicht nur in der freien Natur, sondern auch im Garten bei der Kompostierung.

Wie ich auf den Wurm kam

Als Kind ging ich mit Großvater gerne in den Schrebergarten. Gartenarbeit fand ich schon damals interessant. Bald bekam ich mein eigenes Beet, das ich selbständig bearbeiten und bestellen durfte. In der Nachkriegszeit wurde der Garten, und war dieser noch so klein, intensiv für Gemüse- und Obstanbau genutzt.
Der Begriff „Mulchen" war damals noch nicht so verbreitet, aber wir haben trotzdem davon Gebrauch gemacht, besonders unter den Beerensträuchern.
Die Kunstdüngerproduktion kam nach dem Krieg erst langsam zum Laufen, sodass ausschließlich organisch gedüngt wurde. Der Komposthaufen nahm einen wichtigen Platz ein.
Er weckte schon damals mein Interesse. Ich begann, mit ihm zu experimentieren, maß die Temperatur im Innern, legte Belüftungslöcher an und beobachtete den sichtbar austretenden Wasserdampf. Großvaters Kaninchenzucht lieferte den Stallmist. Zahlreiche Regenwürmer traten beim Umgraben ans Tageslicht. Zur damaligen Zeit betrachtete ich sie eher als Spielkameraden.
Als Jugendlicher fand ich zufällig in der Buchhandlung ein kleines Buch. Es hieß „Lehrbuch der natürlichen Kompostierung" von *Dr. Gustav Rohde* (1957). Es sollte mein weiteres Leben bestimmen.
Da ich die Pflanzen liebte und einer Arbeit an der frischen Luft den Vorzug gab, entschloss ich mich, nach dem Abitur Gartenbau an der Humboldt-Universität Berlin zu studieren.
September1964: endlich an der Universität, fünf Jahre Direktstudium.

Mineralstofftheorie kontra Humuswirtschaft

Ich erinnere mich an die Vorhalle der Landwirtschaftlichen Fakultät. Dort steht *Albrecht Thaer* als Denkmal auf einem Sockel. Der preußische Arzt und Agronom *Albrecht Thaer* steht gemeinsam mit *Charles Darwin* (1881), der als Erster den Regenwurm wissenschaftlich untersuchte, für

Regenwurm und Humuswirtschaft. Danach ernährt sich die Pflanzenwelt vereinfacht ausgedrückt direkt von Humus.
Das 19. Jahrhundert war das Jahrhundert der Chemie. Überall in Europa herrschten verheerende Hungersnöte bei rasantem Bevölkerungswachstum. Da kam der Chemiker *Justus von Liebig,* verbrannte Pflanzen, äscherte sie ein und stellte fest, dass Pflanzen eigentlich nur aus Mineralienbestehen und es genüge, diese bei der Pflanzenernährung zu ersetzen. Die Liebigsche Mineralstofftheorie war geboren. Ab diesem Zeitpunkt fasste man die Pflanzendüngung fast ausschließlich als Zuführung wasserlöslicher Mineralstoffe auf. Man muss *Liebig* zugutehalten, dass er in guter Absicht handelte. Er wollte den hungernden Menschen helfen. Zu Beginn schien das zu funktionieren. Aber alles was man übertreibt, rächt sich eines Tages. Ich denke dabei besonders an den Getreidemonokulturanbau in den 1930er Jahren in den USA, der zum Bodensterben außerordentlich großer Landstriche führte.
Trotz Warnung von *Liebig* selbst wurde seine Lehre einseitig weiter entwickelt und institutionalisiert. Damit wurde die Biologie von der Chemie aus der Pflanzenernährung gedrängt. Mit fatalen Folgen!

Eisenia – einer farbenprächtigsten Erdwurmarten.

Geordneter Rückzug

Die Folgen der Vorherrschaft der Chemie sind bis heute verheerend: Sie ist besonders im landwirtschaftlichen Bereich mitverantwortlich für Umwelt- und Klimakrise und alle damit zusammenhängenden Folgeerscheinungen.
Man muss sich darauf einstellen, dass beide Lager noch lange Zeit nebeneinander existieren werden. Das Wissen entwickelt sich stürmisch weiter, sodass das letzte Wort noch nicht gesprochen ist und *Albrecht Thaer* noch zu späten Ehren kommen könnte.
Während meines Gartenbaustudiums beschäftigte ich mich mit dem damaligen Trend zur Anwendung von chemisch hergestellten Bodenverbesserungsmitteln. Meine Diplomarbeit schrieb ich über die Verbesserung von Gewächshauserde durch den Einsatz synthetischer Schaumstoffschnitzel zur Durchlüftungsverbesserung gärtnerischer Substrate.
Nach dem Studium war ich in der staatlichen Verwaltung der Landwirtschaft des Bezirkes Gera tätig.

Große Humuswurmversammlung

Meine direkte Verbindung und Liebe zur Pflanzenwelt spielte sich im Kleingarten ab.
Neben der Anwendung von Rinde zur Bodenverbesserung, die damals in der DDR recht gut wissenschaftlich untersucht war, liebäugelte ich mit der Anschaffung von „domestizierten" Regenwürmern. Sie waren damals schwierig zu beschaffen. Deshalb behalf ich mir vorerst mit leicht zugänglichen einheimischen Würmern, die ich in meinen Komposthaufen lockte. Durch den Anbau von Schmetterlingsblütlern (Leguminosen), deren Abfälle ich dem Komposthaufen zusetzte, fanden sich Rotwürmer in großer Zahl ein. Sie gehören wie der Mist- oder Kompostwurm zu den Oberflächenwürmern, die in der Streu und unter Herbstlaub leben. Man muss sich nur zu helfen wissen.
Eine gut mit Humus versorgte Gartenerde war von jeher mein Ziel gewesen. Für mich standen bei der Gartenarbeit Boden und Gartenerde immer

an erster Stelle. Das ist zwar nicht falsch, aber etwas einseitig, wie sich im Nachhinein herausstellen sollte.
Nach dem Anschluss der DDR an die BRD wurde auch dieser Teil Deutschlands mit den Segnungen der westlichen Welt beglückt. Es bestand nun die Möglichkeit, an gehandelte Erdwurmarten, die meinen Bedürfnissen entsprachen, heranzukommen. Ich schrieb sämtliche mir zugänglichen Wurmfarmen an und bat um Prospektmaterial. Dadurch erhielt ich einen Überblick über den deutschen Wurmmarkt. Die plötzliche erhöhte Nachfrage der Ostdeutschen belebte den westdeutschen Markt ungemein.

Seminar beim Wurmverband

Kurz nach der Wende wurden besonders in Sachsen unter dem Dach des „Internationalen Wurmverbandes Optimus" Werbekampagnen sowie Schulungen und Lehrgänge zur Humuswurmhaltung durchgeführt. Unter den von mir angeschriebenen Adressen war auch die von Herrn *Dr. W.* Er lud mich zu einem dieser Wurmzüchter-Seminare ins Erzgebirge nach Wilhelmsdorf, (südlich von Chemnitz) ein, das am 16./17.03.1990 vom Optimus-Verband organisiert wurde und auf dem er das Hauptreferat hielt.
In seinem Vortrag gab er viele gute und detaillierte Hinweise zur erfolgreichen Haltung von Humuswürmern. Mir fiel auf, dass er den Wurmkompost dem normalen Kompost gegenüberstellte, den er als „inerte Masse" (das sind reaktionsträge Stoffe, die sich an chemischen Vorgängen nicht beteiligen) bezeichnete. Dass Wurmhumus einer höheren Qualitätsstufe entspricht und in vielerlei Hinsicht bessere Eigenschaften aufweist, ist unbestritten. Es entsteht unter Einbindung von Kalzium ein milder Humus, sogenannter Mull, eine der wertvollsten Humusarten, die sich für den Anbau der meisten Gartenpflanzen eignen. Der herkömmliche Kompost enthält weniger Nährstoffe und sein Regenwurmkotanteil ist wesentlich geringer. Seine Nährhumuswirkung überwiegt. Ihm deshalb jegliche Humuswirkung abzusprechen ist bestenfalls als Werbemaßnahme für Wurmkompost geeignet. Ich bin der Meinung, auf solche Werbung kann der Wurmhumus verzichten.

Ich suchte nach bezahlbaren Humuswürmern ohne Mitglied eines Verbandes mit hohen Einstiegskosten zu werden. Uneigennützige Hilfe leistete mir Herr *B.* aus Bayern, mit dem ich längere Zeit Kontakte pflegte und der mir zweimal eine größere Menge Würmer als Anfangsbestand kostenlos zur Verfügung stellte. Ich empfand seine Unterstützung als erfolgreiche „Aufbauhilfe Ost" im ganz privaten Bereich. Das war für mich „Ossi" wirklich ein positives Erlebnis.
Der säuberlich auf zwei Millimeter Körnung abgesiebte Wurmhumus in 1-Liter-Beuteln, damals für 9,80 DM, wird heute für mehr als 4,00 EURO verkauft. Das Geschäft lief schlecht. Herr *B.* verwies mich auf eine marktwirtschaftliche Studie der Bayrischen Landesanstalt für Bodenkunde und Pflanzenbau bezüglich des Preises mit dem Ergebnis, dass der Preis völlig unrealistisch sei (milde ausgedrückt). Das wäre auch in der Presse veröffentlicht worden. Bei aller Wertschätzung, die ich nach all den Jahren meiner intensiven Beschäftigung mit diesem imposanten Wurm und seinem Auswurf entgegenbringe, aber was zu viel ist, ist zu viel.
Die aufwendige Erzeugung dieses gehandelten Wurmhumus (hoher manueller Aufwand, geringer Mechanisierungsgrad in Kleinproduktion, Trocknen der Wurmlosung, mehrmaliges Absieben des Kompostes) verursacht hohe Zusatzkosten und treibt den Preis in die Höhe. Dabei könnte alles so einfach sein. Für den Wurmhumusenthusiasten gibt es einen sicheren Ausweg, für den ich hier eintrete: die eigene kleine Wurmhumusanlage für den Eigenverbrauch im Kleingarten und Balkon. Es macht obendrein noch Spaß und verschafft interessante Einblicke in Natur und Umwelt. Mehr dazu an anderer Stelle.

Aufschwung nach dem „Internationalen Regenwurmzuchtkongress"

Es war tatsächlich so, dass die Regenwurmzucht oder besser gesagt die Haltung von „domestizierten" Tieren seit 1983 einen starken Aufschwung erlebte. Alles schien möglich.
Man könnte sagen, der Regen- bzw. Erdwurm wurde zum zweiten Mal entdeckt, und zwar in erster Linie zur Erzeugung von Wurmhumus – im

Gegensatz zu den USA, in der sich dieser Wurm schon länger großer Beliebtheit erfreute, vor allem, um die vielen Angler mit Ködern zu versorgen. Der Wurm wurde von Einwanderern in die USA eingeschleppt und dort züchterisch bearbeitet. Ob man von einem Haustier sprechen kann, sei dahingestellt.
Im Jahr 1983, 102 Jahre nach dem Erscheinen des Buches „Die Bildung der Ackererde durch die Tätigkeit der Würmer" von *Charles Darwin,* fand der „Internationale Regenwurmzucht-Kongress" in Rom statt. Uneingeweihte könnten das für einen Witz halten, aber es stimmt. Wissenschaftler aus verschiedenen Ländern trafen sich, um sich bevorzugt der Diskussion und des Gedankenaustausches über Bedeutung, Haltung und Nutzung des zu den Streuwürmern gehörenden Mist- oder Humuswurms zu widmen, der von den USA als „Kalifornischer Rotwurm" oder „Tennessee-Wiggler" nach Europa reimportiert wurde.
Sein wissenschaftlicher Name lautet *Eisenia foetida* SAVIGNY 1826. Er wird unter den verschiedensten Namen angeboten und gehandelt.
Zu dieser Zeit stand man mit der Erzeugung und Anwendung von Wurmkompost bzw. Wurmhumus noch am Anfang, vieles musste ausprobiert und untersucht werden.
Dass Wurmhumus äußerst positiv die Bodenstruktur beeinflusst und das Pflanzenwachstum beflügelt, war schon bald unstrittig. Man hatte in der Tat große Erwartungen an den Wurm. Er sollte das Abfallproblem lösen, für eine hohe Bodenfruchtbarkeit sorgen und die Pflanzenerträge auf natürliche Art und Weise steigern.
Es gab sogar ein spezielles „Institut zur Selbstzucht von Regenwürmern", kein Institut im üblichen Sinne, sondern ein eingetragener Verein. Er nannte sich „Deutsches Institut für Regenwurmkulturen e.V." (DIRK) 1986. In seiner Anleitung zur Selbstzucht von Regenwürmern wird ausgeführt, dass die Übersetzung des lateinischen Namens *Eisenia foetida* frei ins Deutsche übersetzt „der Stinkwurm des Herrn Eisen" bedeutet. Es war nämlich der schwedische Naturforscher *Gustaf Eisen* (1847-1940) zu dessen Ehren dieser Wurm benannt wurde und das Stinken bezöge sich auf den Lebensraum des Wurmes, auf den Misthaufen, wo er entdeckt wurde und immer noch gefunden wird. Andere verlässliche Quellen führen die Bezeichnung „stinkend" auf die Absonderung einer stinkenden

Flüssigkeit zurück, die der Wurm bei Angst und Erregung ausstößt. Die Empfehlung zur Verwendung für Anglerzwecke wurde von einem meiner Kollegen, dem ich Würmer spendierte erfolglos überprüft. Die Fische wurden von der unangenehm riechenden Flüssigkeit verscheucht. Zwischenzeitlich haben Wissenschaftler festgestellt, dass es zwei Arten der Gattung *Eisenia* gibt. Ich besitze die Art, deren Schwanzende deutlich gelb gekringelt ist, wie ich es nenne. Die andere Art, die durchgehend rötlich gefärbt ist und sich sonst kaum von ersteren unterscheidet, würde keine stinkende Flüssigkeit absondern und sich deshalb für den Angelsport eignen. Ihr lateinischer Name lautet *Eisenia andrei* BOUCHE 1972.
In den folgenden Jahren sammelte ich eigene Erfahrungen mit der Haltung von Humuswürmern. Ein kleines Frühbeet, etwas in das Erdreich eingelassen, diente mir über mehrere Jahre als Wurmhumusversuchsanlage. Es war aus Holzbrettern gebaut, die mit der Zeit verrotteten und undicht wurden, sodass die Maulwurfabschirmung (der Maulwurf ist sein schlimmster „Feind") fraglich wurde. Auch die Überwinterung der Humuswürmer in der kleinen flachen Anlage war problematisch. Über die Haltung im Winter war mir lediglich bekannt, dass durch Aufbringen einer zusätzlichen dicken Futterschicht (vor allem Mist) ein Schutz vor Frost möglich ist. Aber wie sich herausstellte, recht unvollkommen.
Wie ich mich erinnere, war bei starker Kälte und längeren Frostperioden absolute Ruhe im Wurmhaufen. Er fror mehr oder weniger ein und die Würmer stellten ihre Tätigkeit ein.
Schlimmer noch: Sie verschwanden ganz, ich konnte nicht mehr feststellen, wo sie sich versteckten, ob sie überhaupt noch am Leben waren.
Im Frühjahr dann das große Bangen. Werden sich die Humuswürmer wieder einstellen und wenn ja, wie viele? Ich machte mir Gedanken, wie ich diese Ungewissheit abbauen konnte.
Zusätzlich zur dicken Futterauflage und Laubpackung (wirkt isolierend) verstärkte ich den Frostschutz durch Auflegen von Pappkarton und Polystyrolschaumstoffplatten sowie großflächiger wasserdichter Folienabdeckung, um die Winternässe fernzuhalten. Wichtig: Die Luftzufuhr muss trotzdem durch einen größeren Luftzwischenraum zur abschließenden Foliendecke gewährleistet sein.

Diese Versuche, die Wurmtätigkeit zu verlängern, in den Winter auszudehnen und die Winterruhe zu verkürzen, waren von unterschiedlichem Erfolg.
Erst mit dem Bau einer wohldurchdachten neuen größeren Wurmanlage aus ausgedienten Wellkunststoffplatten einer früheren Gewächshausanlage kam ich diesem Ziel näher bzw. es gelang mir, durch vielfältig abgestimmte Maßnahmen Erfahrungen zu sammeln, die eine durchgängige ganzjährige Wurmhaltung ermöglichten. Seitdem wird in meinem „Wurmsilo", wie ich es nenne, „durchgearbeitet". Endlich hatte ich einen Weg gefunden, die Temperatur ganzjährig auch im Winter wenigstens im Innern der Anlage auf über 10 Grad Celsius zu halten. Das ist nämlich genau die Temperatur, die für Fresstätigkeit und Vermehrung von *Eisenia* notwendig ist. Unter diesem Limit läuft nichts. (Mehr zum Aufbau und Arbeitsweise meiner Anlage in Kapitel VII).

Privatwirtschaftliche und kommunale Wurmhumusaufbereitung

In meiner näheren Umgebung lernte ich zufällig einen Unternehmer der Abfallbeseitigungsbranche, Herrn *V.* kennen. Er sah in der Haltung von Kompostwürmern und Wurmhumusproduktion im größeren Stil eine Möglichkeit, ein zweites Standbein für sein Unternehmen zu schaffen. Zweimal fuhren wir gemeinsam an den Sitz seines Unternehmens, einmal mit dem PKW, um den Vertrag abzuschließen und einmal mit dem LKW, um Hunderttausende von Würmern zu transportieren. Bei den gekauften Würmern handelte es sich um den „Kalifornischen Rotwurm". Er war größer und vor allem dicker als meine eigenen und die mir bisher bekannten Würmer der Gattung *Eisenia.* Sie besitzen gewisse körperliche Unterschiede. Sie sind der Art *Eisenia andrei* zuzuordnen. In dieser ersten Phase arbeiteten Herr *V.* und ich eng bei der Beschaffung von Informationen und Würmern und deren artgerechten Haltung zusammen. Er hält die Würmer in Großcontainern und füttert hauptsächlich Treberabfälle. Diese Pressrückstände der Obstsaftproduktion eignen sich im Allgemeinen gut als Wurmfutter.

Wie ich schon betonte, hatte man Großes mit dem Wurm vor. Das betraf besonders die kommunale Abfallwirtschaft von Städten und Gemeinden. Man rechnete die kompostwürdigen Abfallmengen hoch und kam auf astronomische Zahlen. Es gibt zwar eine Reihe von kommunalen Wurmhumusaufbereitungsanlagen zur Abfallbeseitigung. Der große Durchbruch blieb jedoch aus.

Die Weichen für die weitere Entwicklung wurden anders gestellt: Deponie und Verbrennung wurden favorisiert. Der Düngemittelindustrie kann es nicht gleichgültig sein, ob Gärtner oder Landwirte auf organischen Dünger zurückgreifen oder chemischen Dünger einsetzen, sodass es nicht ausgeschlossen werden kann, dass die Lobby der Chemieindustrie ihre Finger im Spiel hatte.

Warum alles in die Abfalltonne schmeißen und anschließend tausenderlei Düngemittel kaufen? Den engagierten Kleingärtnern ist es vergönnt, den Chemiekonzernen ein Schnippchen zu schlagen, in dem sie die Sache selbst in die Hand nehmen. Das Geld für den Kunstdünger, der auf Dauer den Boden zerstört, können sie sich sparen. Sie sparen in zweifacher Hinsicht, den Energie- und Materialaufwand zur Herstellung von Kunstdünger gleich mit.

Warum gerade Eisenia foetida?

Die unterschätzte Bedeutung der Erdwürmer

Der Regen- oder Erdwurm zählt zu den ältesten Tieren der Erde, er ist schon vor 100 Millionen Jahren entstanden. Seine Entwicklungsgeschichte ist eng mit der Bodenbildung verbunden.

Schon in der Antike war man sich der Bedeutung dieser Tiere für den Boden bewusst. Im Mittelalter verfolgte man die Regenwürmer, weil sie angeblich die Wurzeln der Pflanzen fraßen. Erst *Charles Darwin* räumte mit seinem bekannten Buch „Die Bildung der Ackererde durch die Tätigkeit der Regenwürmer" (1881) mit der Ansicht des verkannten Regenwurms auf. Das bekannte Darwin-Zitat darf hier nicht fehlen: „ … es ist zweifelhaft, ob es noch andere Tiere gibt, die in der Geschichte der Erde eine so große Rolle gespielt haben, wie diese niedrig organisierten Ge-

Kompostwürmer bei der Arbeit.

Grobes Material verbessert die Durchlüftung.

schöpfe.... Der Pflug ist eines der ältesten und wichtigsten Erfindungen. Aber lange bevor es den Pflug gegeben hat, ist das Land bereits regelmäßig gepflügt worden, und zwar von den Bodenwürmern, und so wird es auch heute noch von ihnen gepflügt." Damit wurde erstmals die Bedeutung der Erdwürmer für die Landwirtschaft wissenschaftlich begründet.

Die Verfolgung der Regenwürmer im Mittelalter, die aus Unkenntnis geschah, ist jedoch nicht zu vergleichen mit der ungleich größeren Verfolgung und Tötung dieser Tiere, wie sie heute durch die moderne, technologische Landwirtschaft erfolgt.

Die Bezeichnung „Regenwurm" ist irreführend. Sie geht zurück auf die Beobachtung, dass diese Würmer besonders bei starken Niederschlägen in großer Zahl an die Oberfläche kommen. Dafür gibt es verschiedene Erklärungen: Sie nehmen das Prasseln der Regentropfen mit ihren feinen Borsten als Erschütterungen wahr und kommen an die Erdoberfläche, um diese feuchte Gelegenheit für eine Wanderung zu nutzen. Eine andere Erklärung: Durch das eindringende Wasser wird der Sauerstoff für die Atmung knapp. Andere leiten den Namen von der regen Tätigkeit der Tiere ab. Im Englischen heißt der Regenwurm „earthworm", also Erdwurm. Meines Erachtens ist diese Bezeichnung treffender.

Wir müssen grundsätzlich zwischen den frei lebenden einheimischen Erdwürmern und den unter Zutun des Menschen in Gefangenschaft gehaltenen Humus- oder Kompostwürmern unterscheiden. Beide sind überaus nützliche Tiere. Sie verdienen beide unsere Aufmerksamkeit und Fürsorge.

Eine Renaissance erlebte der Regenwurm bzw. Erdwurm in den 1930er Jahren in Nordamerika durch den von Einwanderern eingeschleppten Mistwurm, als dieser zur Versorgung der Angler gezüchtet und angeblich domestiziert wurde. Die nach Europa reimportierten *Eisenia*-Würmer weisen gewisse Unterschiede (größer und schwerer) auf; die Züchter dieser Würmer sagen diesen Tieren Ortstreue und hohe Anpassungsfähigkeit bei der Haltung nach. Nachdem ich festgestellt habe, dass meine Humuswürmer zu den kleineren *Eisenia* zählen und somit den einheimischen Mistwürmern angehören, bin ich gegenüber solchen Aussagen vorsichtig geworden.

Wer den Regenwurm zu seinen treuesten Freunden im Garten zählt, sollte schon einiges über sie wissen. Auch Tierfreundschaften müssen gepflegt werden. Kleine Aufmerksamkeiten werden wie im menschlichen Zusammenleben gerne angenommen.
Im Alltagsleben kommt der Normalbürger kaum mit Regenwürmern in Kontakt, es sei denn es regnet.

Einiges zu Biologie und Fortpflanzung des Erdwurms

Der Regenwurm lebt im Verborgenen, nur bei Regen oder nachts kommt er an die Oberfläche, manche Arten gar nicht. Er ist als unermüdlicher Tunnelbauer der wahre „Held" des Untergrundes.
Als Kinder beobachteten wir gerne, wie der Wurm sich mit seinem zugespitzten Vorderende, einen Kopf hat er nicht, in die Erde bohrte. Ist der Boden zu hart, frisst er sich hindurch.
Wer ihn in die Hand nimmt, merkt, dass er feucht und schleimig ist. Er benötigt sowohl eine Haut als auch Schleimhaut, da er über die Haut atmet (ein sogenanntes Feuchtlufttier).
Er hat auch eine Art Füße, nämlich gleich mehrere Borsten an jedem Segment (zugehörig zur Ordnung der Wenigborster, Oligochaeta), mit denen er sich festhalten kann. Versucht ein Vogel ihn aus der Erde zu ziehen, klammert er sich fest und trennt sich im Notfall von einigen seiner hinteren Rumpfsegmente, der Rest lebt weiter und wird, wenn er Glück hat, regeneriert. Es handelt sich hier um das lebensrettende Phänomen der Selbstabschnürung.
Betrachtet man den Wurm genauer, fallen die zahllosen Querfurchen an seinem Körper auf. Diese äußere Ringelung entspricht einer inneren Einteilung in Kammern. Diesen Ringen verdankt er seine biologische Zuordnung zum Stamm der Ringelwürmer (Annelida). Sein Körper ist ein raffiniert gebauter doppelter Schlauch, aufgebaut aus dem Darmkanal und den äußeren Hautmuskelschlauch. Er besitzt echtes rotes Blut.
Der Erdwurm gehört zu den wirbellosen, wechselwarmen Tieren, deren Körpertemperatur sich der Außentemperatur anpasst. Im Vergleich mit anderen höher entwickelten Tieren ist er nicht gerade üppig mit Sinnesor-

ganen ausgestattet. Er ist sowohl stumm als auch blind, kann aber zwischen hell und dunkel unterscheiden – wichtig für Wurmhalter. Ultraviolettes Licht ist für Regenwürmer tödlich. Er scheut deshalb das Licht und verkriecht sich ganz schnell in den Boden oder das ausgebrachte Futtersubstrat.
Seine Mundöffnung ist mit einigen außerordentlich empfindlichen Sinneszellen zum Tasten und Schmecken ausgestattet. Er kann Wurzelausscheidungen wahrnehmen und wird von verrottenden Pflanzenteilen angezogen.
Unser Freund hat keine Zähne, zum Glück, sonst wäre er in der Lage, auch lebende gesunde Pflanzenteile zu verspeisen. Das besorgen aber schon die Schnecken.
Er ist auf eine Art Nahrungsbrei angewiesen, den er mit dem Mund auflutscht. Er wartet deshalb darauf bis Mikroorganismen die organischen „Abfälle" vorverdaut haben. Erst dann kann er seinen Heißhunger stillen. Aufgebrachtes frisches Futter wird deshalb nicht sofort angenommen. Außerdem befinden sich im Wurmmagen kleine Steinchen, die als Mühlsteine bei der weiteren Nahrungszerkleinerung dienen, ähnlich wie bei Hühnern.
Jeder Erdwurm besitzt im Schlund Kalkdrüsen, die $CaCO_3$ in den Darm ausscheiden.
Auf diese Art und Weise kann er saure Nahrungsbestandteile neutralisieren. Das bedeutet für den Wurmhalter nicht, dass er die Kalkversorgung der angesetzten Wurmmiete vernachlässigen darf. Der Wurm kann nur den Kalk ausscheiden, den er vorher durch die Aufnahme anderer Futterbestandteile aufgenommen hat.
Und nun zur Fortpflanzung der *zwittrigen* Tiere. Ein Zwitter könnte sich selbst befruchten, aber das bedeutet Inzucht. Bei geschlechtsreifen Tieren fällt im vorderen Drittel des Körpers ein verdickter *Gürtel* auf (Klasse der Gürtelwürmer, Clitellata). Er dient bei der Fortpflanzung der Sekretproduktion. Wer schon mal das seltene Glück hatte, bei einer derartigen spektakulären wechselseitigen Samenübertragung zuzusehen, wird mir recht geben: Es ist etwas Besonderes. Normalerweise geschieht dies nur nachts und je nach Art unter oder über der Erde. Beim Humuswurm ist es einfacher, Zeuge dieser Vereinigung zu werden.

Eines Tages legte ich zufällig wieder einmal mit der Mistgabel die oberste Futterschicht etwas frei, um nach meinen Freunden unter Tage zu schauen. Da sah ich die Beiden, in entgegengesetzter Richtung aneinander geschmiegt, in schleimiger Umarmung vor mir, fest umhüllt mit zwei Schleimhäuten unverrückbar verbunden. Sie ließen sich nicht stören. Die Paarung soll zwei bis drei Stunden dauern (www.regenwurm.de). So viel Schleim und Natur pur hatte ich in meinem Garten noch nicht erlebt. Aus dem Schleimring entsteht bei der Eiablage der Ei-Kokon, aus dem später die jungen Würmer schlüpfen.
Jeder Erdwurm hat im ökologischen System der Natur seine besondere Nische, jede Wurmart eine besondere Aufgabe im Stoffkreislauf zu erfüllen. Ihre Eigenarten und Anforderungen sind bei der Auswahl der Wurmart für die Haltung im Komposthaufen zu berücksichtigen.
Meine Kenntnis der Wurmarten beschränkt sich auf die in meinem Garten vorkommenden Arten. Die anderen über 30 in Deutschland lebenden Regenwurmarten sind vom zahlenmäßigen Aufkommen her unbedeutend und örtlich begrenzt.

Die Erdwürmer sind im Boden in verschiedenen „Lebensformen" vertreten, so z.B. als

- *Streuhorizontbewohner:* bewegen sich vorwiegen horizontal, hinterlassen keine Gänge und sind nicht tief grabend
- *Vertikalbohrer* oder Tiefgräber, auch „Liftwürmer" genannt, bewegen sich zwischen Oberfläche und Unterboden, nehmen angerottete Blätter an der Oberfläche auf
- *Mineralhorizontbewohner:* leben in horizontalen Gängen, fressen Erde und nutzen deren Gehalt an organischer Substanz (z.B. abgestorbene Wurzeln); sie kommen nicht an die Oberfläche.

Einige bekannte einheimische Erdwürmer

Wenn der Laie vom „Regenwurm" spricht, dann verbirgt sich dahinter meist der bis zu 30 Zentimeter lang werdende **Aal- oder Tauwurm** *(Lumbricus terrestris),* dessen senkrechte Gänge bis in eine Tiefe von zwei oder sogar drei Meter führen können. In der Tiefe findet der Regenwurm Schutz vor Hitze, Trockenheit und Frost. Er ist der größte der einheimischen Würmer. Sein Name leitet sich davon ab, dass er nur morgens bei Tau an die Oberfläche kommt. Er setzt an der Oberfläche seine Wurmlosung ab, eine Art „Minimaulwurfshügel".

Eine Beobachtung im ganz milden Winter des Jahres 2003: Der Tauwurm kam nicht zur Ruhe, mir fielen kleine Büschel von Herbstlaub im Eingangsbereich unserer Kleingartenanlage auf.

Sie wurden vom Herbststurm nicht weggeweht. Mir war bald klar, wer hier seine Hände im Spiel hatte und untersuchte diese Büschel. Die meisten der Blätter waren mit der Blattspitze zuerst in ein kleines Loch gezogen. Das hat den Vorteil, dass das Blatt schneller in Verwesung übergeht und es verspeist werden kann. Das zeigt, dass die frei lebenden Würmer auch im Winterhalbjahr Hunger haben. Liegengebliebenes Herbstlaub, Mulch und Winterzwischenfruchtanbau schaffen Abhilfe. Als sogenann-

Kirschblätter werden von einheimischen Erdwürmern bevorzugt.

Ein mit Wurmröhren durchzogener Erdklumpen aus dem Untergrund.

ter Vertikalbohrer stellt der Tauwurm eine Verbindung zum Untergrund her und vermengt Mineralboden mit organischer Masse. Sein äußerst umfangreiches Röhrensystem ist mit Wurmschleim ausgekleidet. Sowohl seine Ausscheidungen als auch seine Tunnelbautätigkeit tragen zur Strukturverbesserung des Bodens, der Lockerung und Lüftung des Erdreiches, der Wasseraufnahme und -speicherung des Bodens sowie zu einer ausgeglichenen Nährstoffversorgung der Pflanzen bei.
Gegen die Haltung in Gefangenschaft sprechen seine groß angelegten vertikalen Gänge und sein großer Bewegungsdrang. Er steht nicht als Erstzersetzer zur Verfügung, denn schon eine leicht erhöhte Temperatur durch das Auftreten von Fermentationswärme würde ihn vertreiben, sodass er für eine Wurmhaltung, zur Erzeugung von Wurmhumus, schon aus diesem Grund nicht in die engere Wahl kommt.

Bei der Bodenbearbeitung im Garten kann man einen Erdwurm beobachten, der freiwillig nie an die Oberfläche kommt. Es handelt sich um den **Gemeinen Regenwurm** *(Allobophora caliginosa),* auch als Feld- und Wiesenwurm bekannt, ist fünf bis 20 Zentimeter lang, gräulich gefärbt (deshalb auch manchmal Grauwurm genannt), sieht unscheinbar aus. Er legt seinen Kot in geringer Tiefe ab, gräbt nicht tief, hält sich im Wurzelbereich auf. Auch er stellt spezifische Anforderungen an seine Umwelt, die in einem Komposthaufen nicht erfüllt werden.

Ein weiterer einheimischer Erdwurm, mit dem ich schon Bekanntschaft schloss, ist der **Rotwurm** *(Lumbricus rubellus),* auch Blaukopf oder roter Laubfresser genannt.

Er ist wie der bekannte Mist- und Kompostwurm ein Oberflächenwurm und Streuzersetzer. Er ist schlank und reaktionsschnell, lebt versteckt unter Blättern und vertilgt große Mengen an organischer Substanz. Er fand sich bei mir besonders im Herbst in der Kompostanlage ein. Und tatsächlich wird er von einigen Wurmfarmen für die Haltung angeboten, aber für die Wurmhumusproduktion eher eine Notlösung.

Neben diesem Rotwurm wird auch der sogenannte **Riesenrotwurm** *(Dendrobena veneta)* angeboten. Er soll ein bekannter Angelwurm und Ausbruchskünstler sein. Besonders für den Hobbywurmhalter könnte es dann Probleme mit deren Ortstreue geben.

Die beiden Arten von *Eisenia foetida* und *E. andrei*

Ebenfalls ein bei uns natürlich vorkommender Oberflächenwurm ist der **Mist-, Kompost-** oder **Humuswurm** *(Eisenia),* ursprünglich im Mittelmeergebiet beheimatet. Er ist in Mitteleuropa in der freien Natur eher selten anzutreffen. Ich habe ihn schon vereinzelt z.B. unter pflanzlichen Abfällen oder Misthaufen in freier Wildbahn gefunden, sodass man ihn nicht unbedingt kaufen muss. Die in meinem Garten lebenden Mistwürmer stammen nicht aus freier Wildbahn, im Aussehen unterscheiden sie sich jedoch nicht: Sie bleiben ziemlich klein und ihr Schwanzende ist getigert. Sie liefern eine feinkrümelige Wurmerde. Im Gegensatz zu den anderen Erdwürmern sind sie wärmeliebend, sodass sie besonders in sich zerset-

zenden organischen Stoffen vorkommen. Sie bewegen sich überwiegend horizontal. In normaler Erde findet man sie kaum, da sie auf große Mengen organischen Materials angewiesen sind.
Im Gegensatz zu den reimportierten US-amerikanischen Verwandten, die unter den Bezeichnungen **Tennessee-Wiggler** oder **Roter Kalifornier** angeboten werden, können die kleinen bei uns heimischen Exemplare nicht züchterisch verändert sein, da sie Amerika nie gesehen haben. Ich bin trotzdem mit ihnen zufrieden. Solange ich sie mit Futter versorge, sind sie auch ortstreu und laufen mir nicht in Scharen davon.
Die aus Amerika stammenden Würmer unterscheiden sich in gewissen Merkmalen, sie sind vor allem größer (bis 14 Zentimeter lang) und dicker. Lange Zeit sprach man von *Eisenia*-Unterarten, *foetida* und *andrei,* bis man feststellte, dass es sich um zwei selbständige Arten handelt. Im Gegensatz zum lange bekannten Kompostwurm *Eisenia foetida* (SAVIGNY, 1826) wurde die andere Art *Eisenia andrei* erst in jüngster Zeit entdeckt und von Bouche 1972 beschrieben. *Eisenia andrei* erscheint durchgängig rot, soll „tüchtiger" und obendrein als Köder für den Angler geeignet sein. Im Gegensatz zu ihm ist die Art *Eisenia foetida* (gelbe Querstreifen besonders am Schwanzende) nicht als Angelwurm geeignet, da sie, wie weiter oben schon beschrieben, bei Gefahr eine übel riechende Flüssigkeit absondert.
Beide Kompostwürmer fressen täglich etwa die Hälfte ihres Körpergewichts, unter optimalen Bedingungen sogar das Doppelte. Sie haben das Potenzial im Jahr ca. 1000 Nachkommen zu erzeugen und sind wohl die Einzigen, die die Wärmeentwicklung im Kompost nutzen können mit der Folge einer höheren Aktivität und Vermehrungsrate.
Manchmal wird *Eisenia andrei* empfohlen. Er ist aber in Europa selten. Ich bleibe bei den weitverbreiteten *Eisenia foetida.*

Wissenswerte Daten
zum Mist-, Kompost- oder Humuswurm, Gelbschwanz, Tennessee-Wiggler, Roter Kalifornier, Tigerwurm oder wie man ihn auch immer nennen mag:

Farbe:
rot, Hinterende rot-gelb gestreift *(E. foetida)*

Länge:
unterschiedliche Angaben, eher klein acht bis 14 Zentimeter (je nach Rasse)

Gewicht:
geschlechtsreifes Tier 330 Milligramm (90 Tage)

Geschlecht:
Zwitter, männliche und weibliche Geschlechtsorgane.
Die bei geschlechtsreifen Würmern im vorderen Drittel des Körpers vorhandene Verdickung (Gürtel) ist bei der Gattung *Eisenia* wenig ausgeprägt, sodass der Laie mitunter vergebens danach sucht. Jeder Wurm gibt Sperma ab und legt Kokons mit kleinen Würmchen drin.

Vermehrungsrate:
exponentiell; unter Freilandbedingungen (Komposthaufen) rechnet man im Durchschnitt in 90 Tagen mit einer Verdopplung des Bestandes.

Feinde:
Maulwurf, Spitzmaus, Ratte, Vögel

Temperaturoptimum:
plus 20 bis 25 Grad Celsius

Temperaturtoleranz:
plus zwei bis 30 Grad Celsius

Der Kompostwurm braucht von der Eiablage bis zum Schlüpfen drei bis vier Wochen, andere Würmer drei Monate.
Bei den anderen heimischen Würmern schlüpft ein Jungwurm aus einem Kokon, bei *Eisenia* bis zu 11 Stück, im Durchschnitt 3,5.
Der Jungwurm entwickelt sich innerhalb von 90 Tagen zum geschlechtsreifen Wurm, der nun beginnt sich ebenfalls zu vermehren usw. Auf diese Weise kommt der Mistwurm auf drei bis vier Generationen im Jahr. Andere heimische Erdwürmer liegen, wie mir bekannt ist, weit abgeschlagen bei einer Generation im Jahr. Mathematisch gesehen müsste seine exponentielle Vermehrungsrate zur Vermehrungsexplosion führen, wären da nicht die vielen Feinde des Kompostwurms und die Begrenzung der Futterbereitstellung. Unschlagbare Vorzüge für den Mist- oder Kompostwurm *(Eisenia)*!
Auch die Wohlfühltemperatur der Wurmarten spielt eine Rolle. Die meisten übrigen einheimischen Arten stellen bereits bei über plus 15 Grad Celsius ihre Aktivitäten ein. Diese niedrigen Temperaturen sind besonders im Sommer in einem Komposthaufen nicht zu halten. Aus diesem Grunde wandern sie erst ein, wenn die Vererdung des Kompostes schon weit fortgeschritten ist, sodass ihr Kotanteil im Kompost notgedrungen niedrig bleibt. Die Populationsdichte ist im Vergleich geradezu unbedeutend.
Die Vermehrung der meisten einheimischen Regenwurmarten in Gefangenschaft ist zwar möglich, aber je größer die Wurmart, desto schwieriger ist ihre Haltung.
Wägt man die unterschiedlichen Eigenschaften und Gegebenheiten miteinander ab, so liegen die Vorteile eindeutig bei *Eisenia.*
Für die Auswahl von *Eisenia foetida* spricht, dass ihm als wärmeliebender Oberflächenwurm und Streuzersetzer eine leichte Erwärmung des Futtersubstrats im Komposthaufen sehr willkommen ist und ihm ermöglicht als Erstzersetzer wirksam zu werden. Seine Vorteile werden gekrönt von einer unübertroffenen Vermehrungsfähigkeit zu fast allen Jahreszeiten.
Diese Eigenschaften machen ihn für eine durchgängige Wurmhumusproduktion während des gesamten Jahres geeignet.
Es ist im Winter im verschneiten Garten schön zu wissen, dass unter der Kompostabdeckung weiter „gearbeitet" wird, dass das Leben weitergeht, und für die kommende Vegetationsperiode vorgearbeitet wird.

Es entsteht etwas anderes

Dass hier etwas Neues entsteht, lässt schon der andere Entstehungsvorgang vermuten.
„Der uns bekannte herkömmliche Kompost", so schreibt *Wilde* (1990) in seinem Schulungsmaterial zur Vermi-Kompostierung, „ist das Ergebnis bakterieller Heißverrottung und am Ende des Rotteprozesses völlig mineralisiert", d.h. in seine chemischen Bestandteile zerlegt. „Kompost ist daher lediglich eine mit Nährstoffen angereicherte innerte Masse, in der z.B. die Stickstoffverbindungen fast restlos zu Nitraten abgebaut worden sind, was durchaus unerwünscht ist", schreibt er weiter.
Die Humusbildung kann verschiedene Wege gehen. Ob überwiegend sogenannter Nährhumus oder Dauerhumus (die eigentliche von uns gewünschte Humusbildung) entsteht, hängt auch vom Ausgangsmaterial und nicht nur vom Zersetzungsprozess ab.
Richtig ist, dass es beim Abbauprozess über die Heißvergärung zu einer Vergeudung und Verschwendung von Naturressourcen kommt, weil wie *Rusch* (2004) in seinem Buch feststellt: „Die Hitze in einem Komposthaufen ist nicht Natur gewollt. Die Energie der Natur wird verschwendet, nämlich in eine falsche Richtung geleitet."

Die Stufen der mikrobiellen Erwärmung

Ausgelöst werden die ungestümen Reaktionen des Zersetzungsprozesses bei der Thermokompostierung durch eine Massenvermehrung von Bakterien in der
1. **Verrottungsphase** der Kompostierung. Die freigesetzte Wärme lässt die Temperatur, wie ich aus meinen eigenen Messungen weiß, locker auf plus 80 Grad Celsius und mehr steigen. Sogar Selbstentzündungen bei falsch gelagertem Heu sind möglich. Die Energie verpufft, ohne dass Boden oder Pflanze einen Nutzen daraus ziehen können.
Die bakterielle Heißverrottung wird auch als „Heißvergärung" bezeichnet. Wenn etwas gärt entstehen Gase. Diese anaeroben Prozesse der

Fäulnis (bei Eiweißabbau) und Gärung (bei Kohlenhydratabbau) belasten die Atmosphäre und sind übel riechend, verursacht vom Schwefelwasserstoff. Der entweichende Ammoniak sorgt für Stickstoffverluste.
Neben den gasförmigen Emissionen treten Verluste in flüssiger Form auf, das sogenannte Sickerwasser. Es gelangt in den Boden und verunreinigt das Grundwasser, führt schließlich zur Eutrophierung (Nährstoffeintrag) von Flüssen und Seen infolge von Nährstoffeintrag.
Für Kompostgroßanlagen ist deshalb eine wasserundurchlässige Betonplatte für den Kompostplatz behördlich vorgeschrieben.
Die hohe Verrottungstemperatur sorgt für eine hohe Verdunstung der angehäuften organischen Masse und in der **2. Phase** der Kompostierung zu einer starken Schimmelpilzbildung. Wiederholt konnte ich selbst beobachten, wie diese ausgetrockneten Schichten von unzähligen Pilzhyphen durchzogen sind. Wenn jetzt nicht gegengesteuert wird, gerät der Kompostierungsprozess ins Stocken. Man bezeichnet diesen Prozess auch als „Verbrennen". Es ist also nicht so, dass die konventionelle Kompostierung automatisch in die vom Menschen gewünschte Richtung läuft. Kompostierung jeglicher Art sollte der Gärtner aufmerksam beobachten und sich fragen, was in dem angehäuften organischen Material vorgeht, um notfalls in den Rotteprozess eingreifen zu können.
Der Unterschied zwischen Heiß- und Kaltkompostierung wird durch die Beteiligung unterschiedlicher Mikroorganismen untermauert, nämlich durch **mesophile** Mikroorganismen (bis plus 40 Grad Celsius) und durch **thermophile** (wärmeliebend) bzw. thermotolerante Mikroorganismen. Die verschiedenen Stufen der mikrobiellen Erwärmung wurden von *Gottschall* (1990) herausgearbeitet.
Auch bei der herkömmlichen Kompostierung wird die Bildung von Dauerhumus angestrebt, wenn auch mit geringeren Erfolgsaussichten. Der Prozess ist selbstverständlich abhängig von Jahreszeit, Witterungsverlauf und der Zusammensetzung des Ausgangsmaterials.
In den Anleitungen wird meist nur der Idealfall der Rotte dargestellt. Die Realität sieht anders aus. Bei unterschiedlichem Rotteverlauf ist auch das Ergebnis der Kompostierung abweichend. Um einen guten Kompost zu erhalten, sind auch bei der herkömmlichen Kompostierung einige Anforderungen zu erfüllen bzw. Aufwendungen zu betreiben, wie z. B. zeit-

weises Abdecken der Kompostmiete vor zu starken Dauerregenfällen oder Umsetzen des Komposthaufens. Diese Sorgfalt wird in vielen Fällen nicht betrieben.

Bockemühl (1981) beschreibt, welche unterschiedlichen Prozesse in den verschiedenen Teilen oder im gesamten Komposthaufen bei der konventionellen Kompostierung ablaufen können, wenn wichtige Randbedingungen nicht eingehalten werden. Im oberen lockeren und luftigen Teil (trocken) kann es aufgrund hoher Erwärmung zu starkem Pilzwachstum in Form von Schimmelbildung kommen, die Substanzen werden stark mineralisiert (Nitratbildung) und andererseits werden in den darunterliegenden zu feuchten Schichten organische Bestandteile zu einem torfähnlich, braun gefärbten Rohhumus umgewandelt. Dieser anaerobe Prozess führt zu höchstem Substanzverlust und deutlicher Zonenbildung. Dieser Rotteverlauf ist ungünstig.

Bei zu dichter feuchter Lagerung sowie im unteren Bereich des Haufens können aufgrund schlechter Durchlüftung, anaerobe (zu wenig Sauerstoff) Fäulnisprozesse mit Gasbildung auftreten. Der Kompostierungsprozess stagniert. Das Endprodukt ist labil: Der entstehende Humus wird mineralisiert.

Nur in der Mitte des Komposthaufens sind die Rottebedingungen bei mittlerer Feuchtigkeit und mittlerer Anfangserwärmung besser. Das Material durchläuft alle vier Phasen der Kompostierung bei hoher Artenvielfalt, einschließlich des Auftretens der Makrofauna (Insekten und Kleinsäugetiere) in der Abkühlungsphase **(3. Phase),** sodass sich ein stabiler wünschenswerter Rotteprozess vollziehen kann.

Aufgrund der späten und sporadischen Einwanderung von Erdwürmern (wenn überhaupt) in den bereits vererdeten Kompost **(4. Phase)** ist deren Einfluss auf die Kompostqualität mehr als gering.

Diese Erläuterungen sollten zeigen, dass es bei der konventionellen Kompostierung schnell zu Fehlreaktionen kommen kann. Um dies zu verhindern, sind grundsätzlich Vorkehrungen zu treffen und nicht geringe Aufwendungen notwendig, wie das arbeitsintensive Umsetzen des Kompostmaterials. Ich stelle das nicht grundlos ausdrücklich fest, um das Argument zu entkräften, nur die Wurmkompostierung sei besonders arbeitsintensiv und kompliziert.

Die Wurmkompostierung als Kaltkompostierungsverfahren

Die Wurmkompostierung gehört zu den sogenannten Kaltkompostierungsverfahren. Bei diesem greift der Kompostwurm bereits in der 2. Kompostierungsphase in das Geschehen ein und frisst sich durch die organische Substanz, nachdem diese in der 1. Phase von den Mikroorganismen vorverdaut und von allerlei Kleinlebewesen (Asseln, Milben, Springschwänze) mechanisch aufbereitet worden ist. Die kleinen weißen, im Durchschnitt zwei Millimeter großen Springschwänze (Collembolen) kommen in Symbiose mit Kompostwürmern vor und signalisieren feuchtes Milieu. Sie bilden mit anderen Lebewesen des Edaphons gemeinsam mit den Erdwürmern eine ökologische Lebensgemeinschaft. Es ist der Wurm nicht allein, der für das Wunder der fruchtbaren Erde verantwortlich zeichnet. Der Wurm nimmt schließlich die mechanisch zerkleinerte und vorverdaute organische Substanz gemeinsam mit mineralischen Erdbestandteilen in seinen Magen auf, um es intensiv zu vermischen, zu verdauen und schließlich als biologisch und chemisch verändertes Produkt wieder auszuscheiden. Damit wird nicht erst in der 4. Kompostierungsphase, sondern zu einem sehr frühen Zeitpunkt die Grundlage für eine stabile Humusbildung in Gestalt von Ton-Humus-Komplexen gelegt, die der Wurm als Wurmlosung ausscheidet.

Außerdem gehören die bei der herkömmlichen Kompostierung und bei der Vermi-Kompostierung beteiligten Würmer unterschiedlichen ökologischen Gruppen an wie im vorigen Kapitel bereits gesprochen.

Der Boden hat eine kolloidale Struktur, d. h., er besteht aus einzelnen, feinstverteilten mikroskopisch nicht mehr erkennbaren Partikeln in einer Flüssigkeit mit einer außerordentlich großen inneren Oberfläche, an der sich all die physikalischen, chemischen und biologischen Vorgänge abspielen. Der Wurmkot lässt diese Partikel miteinander verklumpen (Krümelstruktur). Das trägt wesentlich zur hohen Wasserhaltefähigkeit und -Durchlässigkeit bei. Seine deutlich höhere Wasserkapazität gegenüber Normalkompost, die ein Mehrfaches seines Eigengewichtes beträgt, ist durchaus mit dem des Torfs zu vergleichen. Durch das Untermischen von Wurmhumus oder dessen Erzeugung an Ort und Stelle durch einhei-

Blick in den Komposthaufen.

mische Erdwürmer wird letztlich die Erosion des Bodens reduziert und die Wasserverfügbarkeit für Mikroorganismen und Pflanzen verbessert, sodass die biologische Wertigkeit des Bodens steigt.

Weitere Beweise für die Andersartigkeit

Der organisch-biologische Landbau sieht in der Zusammenführung der organischen Substanz mit den erdigen mineralischen Bestandteilen (Ton) das Nonplusultra für das Verständnis der Bodenfruchtbarkeit.
Die Durchmischung von organischen und mineralischen Bestandteilen hat praktische Konsequenzen, nämlich die regelmäßige Zugabe von etwas lehmhaltiger Erde zur Wurmmiete bereits beim Ansetzen des Kompostes, also vor dem Ab- und Umbauprozess. Auch die Zugabe von etwas Steinmehl ist günstig, wird es doch gleich mit aufbereitet und in die Wurmlosung eingebaut.
Ein weiterer Unterschied: Durch die Verdauung im Wurmdarm ist der Masseverlust an organischer Substanz höher. Die wertvollen Inhaltstoffe bleiben jedoch erhalten und reichern sich sogar noch an. Das *Ausgangsvolumen* der organischen Abfälle wird auf 10 bis 15 Prozent reduziert, bei Normalkompostierung auf 25 bis 35 Prozent.
Rein emotional habe ich den Eindruck, ohne zu übertreiben, dass das ein Jahr lang aufeinander geschichtete Kompostmaterial unverrottet der Höhe eines Einfamilienhauses entspricht. Es sackt derart in sich zusammen, dass ich mich immer wieder wundere, wo das Ausgangsmaterial geblieben ist.
Durch die starke Volumenreduzierung wird Platz gespart und der Mengenaufwand beim Ausbringen auf die Beete gegenüber Normalkompost auf die Hälfte reduziert. Die Ausbringung von Nährstoffen reduziert sich logischerweise nicht, da Wurmhumus im Durchschnitt eine höhere Nährstoffmenge enthält als gewöhnlicher Kompost.
Die Nährstoffe sind die eine Sache. Düngen im biologischen Sinne heißt aber, den Boden zu beleben. Regenwurmkot enthält das Mehrfache an Mikroorganismen mit einer großen Artenvielfalt (Biodiversität), die wiederum vom unterschiedlichen Ausgangsmaterial der organischen Sub-

stanz beeinflusst wird. Auf die äußerst vielfältige Darmflora des Erdwurms werde ich später nochmals zu sprechen kommen. Die hoch erwünschte Krümelbildung, die in der Wurmlosung schon vorgebildet wird, ist Ausdruck einer optimalen Bodenstruktur, die schließlich in der sogenannten Bodengare mündet.

Die Erdwürmer stehen nicht umsonst im Ruf als Humusbereiter und Kompostbeschleuniger.

Der in den Ton-Humus-Komplexen enthaltene Humus wird nur langsam über mehrere Jahre abgebaut und wirkt dadurch als langsam fließende Nährstoffquelle (insbesondere Stickstoff).

Wurmhumus enthält garantiert einen hohen Anteil an Dauerhumus, was man vom normalen Kompost nicht behaupten kann. Wurmhumus wirkt schnell und langfristig, sogar über mehrere Jahre.

Es gibt noch weitere Auffälligkeiten, die belegen, dass sich Normalkompost und Wurmhumus in wichtigen Eigenschaften unterscheiden. Da die Heißrotte bei der Vermi-Kompostierung vermieden wird, kann mit äußerst kleinen Kompostmengen gearbeitet werden, sehr zum Vorteil von Klein- und Kleinstgärtnern, da keine Mindestmenge erforderlich ist, um eine Erwärmung zu verursachen.

Ein weiterer Unterschied ist der Geruch der Endprodukte. Normalkompost hat einen angenehmen Geruch nach Walderde, Wurmhumus ist geruchlos. Was hat es damit auf sich? Nach *Seitz* (1994) wird der Walderdegeruch vor allem durch die Tätigkeit von Strahlenpilzen verursacht.

Der Geruchsunterschied ist nach meinen Überlegungen kein Zufall. Er deutet auf einen Qualitätsunterschied hin. Nach der Lehre des organisch-biologischen Anbaus bildet sich beim Abbau der organischen Substanz in der oberen Bodenschicht (drei bis acht Zentimeter) die sogenannte Zellgare oder „mikrobielle Gare" aus. Sie wird von Mikroorganismen verursacht, die die Primärzersetzung der organischen Substanz im Boden vornehmen. Wichtig ist für den Gärtner, der direkte Kontakt mit den Pflanzen kann Schädigungen auslösen, wie z.B. unreifer Kompost auf die Keimung von Samen als Gift wirkt. Diese Gare nennt man „Scheingare", weil sie vergänglich ist.

Die obere Bodenschicht riecht nach Walderde, während die nach unten anschließende sich von der oberen deutlich absetzt und geruchlos ist. Sie

befindet sich nach *Rusch* (2004) in Plasmagare oder in „makromolekularer Gare". Die organischen Materialien zerfallen nicht bis zu Mineralien, sondern werden in den Ton-Humus-Komplexen unter Mitwirkung der Erdwürmer gebunden. Diese ist langfristig und somit eine „echte Gare".
Nach dieser Theorie sind die typischen und sichtbaren Mikrobenzellen ebenfalls abgebaut und in Makromoleküle und subzellulare Substanz zerlegt, erst dann entstünde Fruchtbarkeit, nämlich Dauerhumus.
Die plasmatische Gare sieht aus wie lockere, feinkrümelige Erde, in der Huminstoffe als nicht mehr weiter abbaubare Substanz fest mit mineralischen Bestandteilen des Bodens verbunden sind. Es sind die als Ton-Humus-Komplexe bezeichneten stabilen Gebilde, die die echte langfristige Bodenfruchtbarkeit ausmachen, den Dauerhumus. Es spricht Vieles dafür, Wurmkompost mit der Plasmagare in Zusammenhang zu bringen *(Gottschall* 1990). Die Geruchlosigkeit von reinem Wurmhumus weist also darauf hin, dass sich dieser in Übereinstimmung mit der Lehrmeinung des organisch-biologischen Landbaus befindet.
Ihm sagt man all die hervorragenden Eigenschaften nach, die einen garen Boden auszeichnen, wie hohes Wasser- und Nährstoffspeichervermögen und stabile Bodenkrümel (Krümelstruktur).
Dem Normalkompost haftet offenbar noch der Geruch der Zellgare an, enthält er doch als Frischkompost einen hohen Anteil von Nährhumus, der in relativ kurzer Zeit mineralisiert wird. Außerdem ist Wurmhumus, wenn er denn austrocknet, schwer benetzbar, ähnlich wie bei trockenem Torf. Das liegt am Gehalt an Ca-Humaten, die wasserunlöslich sind.
Auf Anwendung und Ausbringung hat das praktische Konsequenzen. Vermi-Kompost sollte leicht in den Boden eingearbeitet werden, sodass er nicht austrocknen kann.
Obwohl die Unterschiede und Vorteile beider Verfahren offensichtlich sind, möchte ich in diesem Zusammenhang einen aufwendig gestalteten Internetauftritt der Fachhochschule Weihenstephan (siehe unter „Benutzte und weiterführende Literatur") zur Kompostbereitung im Haus- und Kleingarten im Jahre 2004 nicht verschweigen.
Darin heißt es resümierend: „Insgesamt widersprechen diese spezifisch auf Würmer abgestimmten Bedingungen den erwünschten Bedingungen im Kompost. Zu fordern sind vielmehr: ausreichend Strukturmaterial und

geringe bis mäßige Feuchtigkeit, um Fäulnis zu vermeiden. Ferner sind Temperaturen deutlich über 40 Grad Celsius durchaus erwünscht, um die Rotte zu beschleunigen und den Kompost zu hygienisieren. Es erscheint deshalb sinnvoller, sich nicht allein auf die Tätigkeit der Kompostwürmer zu verlassen, sondern allgemein günstige Rottebedingungen auch für andere im Kompost aktive Lebewesen (z.B. nützliche Pilze, Bakterien) zu schaffen. Zudem hat sich gezeigt, dass sich Würmer in bestimmten Rottephasen häufig von selbst im Kompost befinden."
Da kann ich nur sagen, das ist eine Einschätzung von gestern nach dem Motto: „Im Westen nichts Neues." Diese Einschätzung entspricht nicht den Traditionen und Prinzipien des ökologischen Landbaus und wurde zwischenzeitlich aus dem Internet herausgenommen.

Zusammenfassung

Damit auch dem Letzten klar wird, dass es sich beim Wurmkompost nicht „nur" um Kompost schlechthin handelt, habe ich einige Unterschiede kurz aufgelistet. Unterscheidungsmerkmale zeigen sich:

- im unterschiedlichen Temperaturverlauf während der Rotte
- in der Dauer des Rotteprozesses und dessen Stabilität
- in der Zugehörigkeit der beteiligten Erdwürmer zu unterschiedlichen ökologischen Gruppen
- hinsichtlich des Masseverlustes während des Rotteprozesses, der zu unterschiedlichen Nährstoffgehalten des Endproduktes führt
- in der Humusbildung (Nähr- und Dauerhumus), der biologischen Aktivität und der daraus resultierenden Wirkung auf Boden und Pflanzenwachstum
- im Geruch des Endproduktes, bedingt durch unterschiedliche Garezustände
- in der Benetzbarkeit, des Vermögens der Wasseraufnahme und -Speicherung sowie der Bodenstruktur.

Der größte Vorteil des Vermi-Verfahrens liegt zweifellos darin, dass bereits zu einem sehr frühen Zeitpunkt der Rotte die organische Substanz fast ausschließlich über den Wurmmagen läuft. Aus den zahlreichen Fakten, die die Unterschiede beider Verfahren überzeugend belegen, geht nachweisbar hervor, dass sich konventionelle Kompostierung und Wurmkompostierung grundlegend voneinander unterscheiden. Die Vorteile liegen eindeutig aufseiten des Vermi-Verfahrens.

Die Mischung macht es

Erdwürmer kann man als Allesfresser bezeichnen. Ich muss mir deshalb überlegen, welche Stoffe ich den Kompostwürmern anbiete. Die Zusammensetzung des Wurmfutters sollte vielfältig sein. Von dieser Vielfältigkeit wird das Artenspektrum der abbauenden Bodenmikroorganismen bestimmt. Der Energie- und Baustoffwechsel der Mikroorganismen ist abhängig vom Kohlenhydrat- und Eiweißgehalt der organischen Ausgangsstoffe.

Wie in den vorangegangenen Ausführungen angeklungen, kann der Erdwurm nur vorverdaute Nahrung aufnehmen. Wie müssen wir uns die Nahrungsaufnahme vorstellen?

Es ist nicht die Aufnahme der mineralischen Erdbestandteile als auch der in Zersetzung befindlicher organischer Substanzen allein, sondern auch die auf ihnen lebenden Bakterien, Algen und Pilzmyzelien, sodass ständig zahlreiche pflanzliche und tierische Organismen lebend gemeinsam mit dem seiner Zellstruktur beraubten Protoplasmas vom Wurm aufgenommen werden (*Hennig* 2011). In diesem Zusammenhang wird auch vom „Abweiden von Mikroorganismenrasen" gesprochen. So greifen die Rotteprozesse in einzigartiger Weise ineinander und erhalten als Vorstufen des Ton-Humus-Kalzium-Komplexes ihre endgültige Ausrichtung.

Die Menge der täglichen Nahrungsaufnahme des Erdwurms entspricht unter optimalen Bedingungen etwa seinem Gewicht, davon wird etwa die Hälfte als Wurmlosung ausgeschieden.

Die Bedeutung des Kohlenstoff-Stickstoff-Verhältnisses

Bei den Ausgangsstoffen für das Wurmfutter sollten wie im normalen Komposthaufen feuchte und trockene Materialien sowie stickstoffreiche (Mist, Rasenschnitt) mit stickstoffarmen (Stroh, Holzspäne) gemischt werden. Die Geschwindigkeit der mikrobiellen Umsetzungen wird vom sogenannten Kohlenstoff-Stickstoff-Verhältnis bestimmt. Weitere Optionen sind Wärme, Feuchtigkeit und Sauerstoff.

Holziges Material ist reich an Kohlenstoff (Carbonium= C), frisches, grünes Material reich an Stickstoff (Nitrogenium= N). Die erste Phase der Verrottung von frischen Abfällen wird von Bakterien eingeleitet. Sie brauchen 30 Teile Kohlenstoff, um eine Einheit Stickstoff zu verwerten. Man spricht in diesem Zusammenhang vom C:N-Verhältnis. Bei einem C:N-Verhältnis von 30:1 laufen die Vorgänge am schnellsten und effektivsten ab. Bei der Vermi-Kompostierung wird ein relativ enges C:N-Verhältnis des Ausgangsmaterials angestrebt. Es wird von den Würmern bevorzugt und liefert einen nährstoffreichen Kompost.

Eine Auswahl von Futterstoffen

Großen Einfluss auf unbelasteten Kompost hat die Schadstofffreiheit des Ausgangsmaterials. Zu dem, was alles auf den Kompost darf, möchte ich vom Grundsatz her nur so viel sagen, dass alle virusbefallenen Pflanzenteile sowie kranke Pflanzenteile aus dem Bereich der Wurzeln und des Wurzelhalses entsorgt werden sollten, weil diese Krankheitserreger bei der Hygienisierung während des Kompostprozesses nicht abgetötet werden und somit in der Erde und Kompost überleben (z.B. Kohlhernie bei Kohlarten).

In einer Veröffentlichung eines bekannten Online-Öko-Nachschlagewerks wird unter Kompostbereitung zur besonderen Vorsicht aufgerufen vor dem Befall des Ausgangsmaterials mit Asternwelke, Fuß- und Welkekrankheiten, Mosaikvirus bei Gurke und Tomate, Bohnenrost, Feuerbrand, Himbeerrutenkrankheit, Kräuselkrankheit des Pfirsichs, Schwarzbeinigkeit und Stachelbeermehltau, um nur einige zu nennen.

Für die mit der Kraut- und Braunfäule befallenen Kartoffeln und Tomaten sowie für mit Apfelschorf, Grauschimmel und Monilia-Fruchtfäule befallene Früchte kann Entwarnung gegeben werden.

Nach Untersuchungen der Universität Exeter und des Forschungsinstituts EcoSci (Devon, Britannien) unterdrückt Kompost Wurzelfäule an Bohne und Zwiebel sowie weitere Pflanzenkrankheiten. Durch Erhitzung des Kompostes soll diese heilsame Wirkung aufgehoben werden. Das bestätigt die Vorzüge der Wurmkaltkompostierung. In diesem Zusammenhang

spricht man auch von einem antiphytopathogenen Potential, das sich bei der Kompostierung im Wurmhumus und später im Boden aufbaut.
Falläpfeln mische ich in kleinen Mengen etwas aufbereitet (zerstückelt) dem Wurmfutter bei, sodass der aerobe Zersetzungsprozess nicht darunter leidet. Schadstofffreier Kompost kann ohne Bedenken zur Düngung im ökologischen Anbau eingesetzt werden.
Stallmist (C:N = 10-15:1) wird für Kleingärtner immer mehr zur Mangelware. Er sollte im Herbst nicht untergegraben, sondern ebenfalls kompostiert werden. Vom C:N-Verhältnis her gesehen ist er eine gute Mischung von stickstoffreichen (Kot) und stickstoffarmen Stoffen (Stroh). Durch das lufthaltige Stroh wird der zähe Tierkot aufgelockert und „anfälliger" für die Besiedlung mit Mikroorganismen. Auch von den Temperaturverhältnissen her gesehen ist der Stalldung für den Humuswurm recht günstig. Daher auch sein Name Mistwurm.
Im gestapelten Mist steigt die Temperatur nicht über 30 Grad Celsius. Ich habe Kompostwürmer als Streu- und Mulmbewohner schon öfter „wild" lebend in Misthaufen und auf Feldern gelagertem Stalldung gefunden. Die Populationsdichte in diesem Umfeld ist eher bescheiden.
In der Wurmhumus-Miete wird der Mistanteil gern vom Humuswurm aufgesucht. Man findet sie hier in Massen auf engstem Raum. Nach meinen Beobachtungen ist gut verteilter, in kleinen Portionen vorliegender Mist eine Art „Kraftfutter" für die Würmer. Bei hohem Mistanteil im Futter werden die Humuswürmer größer und dicker („Wurmmast").
Der Mistanteil sorgt für optimale Lebensbedingungen der Würmer und sie können ohne Stress ihrer Arbeit nachgehen. Der aus Stalldung erzeugte Wurmhumus ist entsprechend seines Ausgangsmaterials besonders nährstoffreich.
Wird Stallmist im Herbst in den Boden eingegraben, verlaufen die Zersetzungsprozesse weniger vorteilhaft. Aufgrund zu geringer Sauerstoffversorgung kommt es beim tiefen Eingraben in schweren Boden zu Fäulnisprozessen: Gase (Ammoniak) werden freigesetzt (Verluste), die Verrottung verläuft unvollständig. Sogar Pflanzengifte können freigesetzt werden. Ein Beispiel dafür, was bei unsachgemäßer Stallmistanwendung passiert, kann in Kapitel XII nachgelesen werden.

Des Weiteren möchte ich darauf hinweisen, dass die bei Gärung und Fäulnis entstehenden Umsetzungsprodukte nicht nur auf Pflanzen toxisch wirken, sondern auch auf die Würmer. Man spricht von einer „Eiweißvergiftung", die besonders bei eiweißreichen Futtermitteln, wie z.B. bei der Verwendung von Hühner-, Tauben- und Schweinemist auftritt. In diesem Fall kann eine Vorrotte in einem Vorratsbehälter Abhilfe schaffen.
Aus eigener Erfahrung weiß ich, bei Kuhdung oder reinen Exkrementen der Rinderhaltung (C:N-Verhältnis von 15:1) besteht dieses Problem nicht. Kuhdung hat den Vorteil, dass er sofort, also ohne Ablagerung, der Wurmmiete zugegeben werden kann. Das könnte damit zusammenhängen, dass Rinder zu den Wiederkäuern gehören. Zu Problemen bei der Verwendung von Rinderdung kann es kommen, wenn bei der Tierhaltung chemische Entseuchungsmittel Verwendung fanden. Deshalb bei Futter unbekannter Herkunft vor Anwendung größerer Mengen Probefütterung (Unbedenklichkeitstest) durchführen, um damit nicht die gesamte Miete zu verseuchen. Wird die Probe nach einigen Tagen von den Würmern angenommen, sind Befürchtungen auf Giftstoffe unbegründet.
Ich selbst verwende Kleintiereinstreu von Meerschweinchen als Wurmfutter. Es besteht zu großen Teilen aus Stroh, Heu und Holzspänen. Das C:N–Verhältnis ist dementsprechend weit. Es ergibt eine gute Mischung mit Rasenschnitt, krautigen Abfällen oder zusätzlichem Tierdung.
Die Holzspäne werden langsam abgebaut. Sie enthalten Lignin, das besonders für Dauerhumusbildung von Bedeutung ist. Klein geschredderte Holzreste (Holzspäne) haben ein sehr weites C:N-Verhältnis = 100-150:1, werden nur langsam zersetzt und sind ein hervorragendes Strukturmaterial. Eingedenk der Weisheit „Holz macht sauer", füge ich der untergemischten Erde etwas langsam wirkenden Kalk (Algenkalk oder gemahlene Kreide) zu.
Reines Stroh hat ebenfalls ein sehr weites C/N-Verhältnis (etwa 100:1). Es herrscht also Stickstoffmangel, der nicht geeignet ist, die Tätigkeit der Bodenmikroorganismen in der Wurmanlage zu fördern. In einem guten Kompost sollten deshalb tierische Abfallstoffe nicht fehlen. Die Zersetzung und Umwandlung von Stroh dauert ohne Beimischung geeigneter organischer Substanzen recht lange. Diesem Umstand bin ich im eigenen Garten unbeabsichtigt Zeuge geworden. Ich hatte Stroh zum Abdecken mei-

nes Erdbeerbeetes gelagert. Es war vor Regen und direktem Bodenkontakt geschützt. Ich hatte es bereits vergessen und als ich es dann (nach einem dreiviertel Jahr) brauchte, war es nicht mehr vorhanden. Bei näherem Hinsehen sah ich ganz unten auf dem Grund etwas schwarze gekrümelte Erde. Was war geschehen? Unweit vom Stroh befand sich meine Wurmanlage. Unter erdenklich ungünstigsten Rottebedingungen müssen die Würmer ganze Arbeit geleistet haben. Es hat nur etwas länger gedauert. Ich wertete dies als Beweis dafür, dass Humuswürmer auch unter ungünstigen Bedingungen (Stickstoff- und Wassermangel) ihr Werk vollbringen, nur eben langsamer.

Das oftmals in großen Mengen vorhandene Herbstlaub hat ein C:N-Verhältnis von 30-50:1. Es ist relativ stickstoffarm und trocken. Eine Reihe von Kleingärtnern weiß mit dem Herbstlaub nichts anzufangen. Sie lagern es sogar wild außerhalb des Gartens ab. Dabei hat es doch eine Reihe bemerkenswerter Eigenschaften.

Bei der Verwendung von Laub zur Kompostierung ist zwischen Laub von Hart- (Eiche, Buche, Ahorn) oder Weichlaubbäumen (Erle, Obstbäumen) zu unterscheiden. Die Zersetzung von Hartlaubblättern wird gefördert, wenn das Laub zerkleinert wird, wie z.B. bei der Aufnahme durch den Rasenmäher. Laub kann leicht verklumpen und die Luftzirkulation behindern. Diese Eigenschaft kann im Winterhalbjahr zur Wärmedämmung und Schutz der Humuswürmer zeitweilig genutzt werden. Eine Laubabdeckung der Wurmanlage isoliert gegen Winterkälte und Frost von außen.

Nach meinen Beobachtungen dringt der Humuswurm gern in Laubschichten ein, entspricht es doch seiner Lebensweise als Oberflächen- und Streubewohner.

Vorsicht ist vor Eichenlaub geboten. Es enthält Gerbsäure. Auch Buchenlaub zersetzt sich schwer.

Ein Vorteil der Buche ist, dass sie über die Wurzeln besonders viel Kalzium (Ca) aus tieferen Bodenschichten aufnimmt und die kalkreichen Blätter dem Boden zugutekommen. Man sagt, die Buche sei eine „Basenpumpe". Sie wirkt damit der Versauerung des Bodens entgegen, wichtig für die Bildung von mildem Humus (siehe www.wald.de).

Buchenlaubblätter verrotten zwar langsam, bilden aber aufgrund ihres hohen Ca-Gehaltes von uns gewünschte Humusformen. Dieser Eigenschaft verdankt Buchenlaub schon von alters her seine besondere Stellung. Den Gärtnern war nicht unbekannt, dass Buchenlaub gut für ihren Boden ist. So wurde Buchenstreu in den Wäldern aufgenommen und zur Bodenverbesserung für bestimmte Kulturen eingesetzt.
Ein ausgewogener Zusatz von Laub, möglichst geschreddert und in Mischung mit anderen geeigneten Stoffen, ist durchaus zu empfehlen. Ich kann für mich in Anspruch nehmen, einer der wenigen Kleingärtner zu sein, die Herbstlaub nicht aus dem Garten, sondern in den Garten bringen.
Ähnliche Probleme wie mit Laub haben einige Kleingärtner mit frischem Rasenschnitt (C:N-Verhältnis von 10-15:1). Die kleinen, länglichen, weichen, angerotteten Blätter sind für den Wurm wie geschaffen mit dem Nachteil, dass es infolge des hohen Wassergehalts bei der Verrottung schnell zusammenpappt und luftundurchlässig wird. Es ist deshalb nur in geringen Mengen möglichst in angewelktem Zustand zu verwenden, sonst droht Fäulnisgefahr.

Wellpappe verbessert das Substrat und wird gern vom Wurm angenommen.

Verrotteter reiner Pappkarton.

Unser Wurm macht auch vor Papier, Pappe und Küchenkrepp keinen Halt, vorausgesetzt sie sind feucht. Die heutigen gebräuchlichen Druckerfarben sollen schadstofffrei sein.

Einfache Wellpappe ohne Glanzbeschichtung ist universell einsetzbar. Ich nehme sie gerne als Abdeckmaterial (Schutz vor Regen, Wind, Kälte und Sonne) und zu Schnitzeln zerkleinert zur Auflockerung des Futters. Man spricht in diesem Zusammenhang auch von „Peddingmaterial". Die Würmer suchen es gerne auf, es dient deren Wohlbefinden und Stärkung. Eine zufällige Beobachtung von mir zeigt die Beliebtheit dieser Zellulose aus Papier und Pappe. Ich hatte etwas Wellpappe auf Vorrat gelagert und längere Zeit liegen lassen. Die trocken eingelagerte Pappe war kaum noch als solche zu erkennen und von Würmern dicht belaufen.

Diese reine Zellulose ist als Wurmnahrung sicherlich recht einseitig, man könnte sie mit dem denaturierten Zucker bei der menschlichen Ernährung vergleichen.

Sehr populär und beliebt ist der Einsatz von Kaffeesatz zur Anlockung von Würmern. Er wirkt allerdings sauer. Wird er nicht in Größenordnungen eingesetzt, fällt dies nicht ins Gewicht. Bei der Darmpassage wird Kalk von Drüsen abgesondert und dadurch die Säure neutralisiert. Die Bedeutung und Wirkung von Kaffeesatz auf Humuswürmer wird meines Erachtens in vielen Veröffentlichungen etwas hoch gespielt. Wenn ich meinen Würmern etwas Gutes tun möchte, dann greife ich zum Kuhdung. Küchenabfälle (C:N-Verhältnis 25-30:1) bereichern besonders im Winter das Futterangebot und sorgen für Wärme im Kompost.

Geschätzt als Wurmfutter sind auch Trester. Das sind Fruchtrückstände aus Mostereien, die in größeren Mengen anfallen.

Im Garten angefallenes Fallobst, auch angefault, wird als Futter gerne angenommen.

Als Zusätze in geringen Mengen gebe ich Sand und gute lehmige Muttererde zu (fünf bis zu zehn Prozent).

Feine Sandkiesel dienen den Würmern bei der Verdauung als Mahlsteine im Muskelmagen.

Ziel der Wurmhumus-Kompostierung sind letztlich die Ton-Humus-Komplexe, eine innige Mischung aus mineralischen und organischen Bestandteilen. In diesem Zusammenhang möchte ich alle Wurmhumus-Begeisterten zum Gelingen ihres Tuns auf *Rücker* (1985) verweisen. Ich zitiere wörtlich: „Allerdings ist es mit dem Ton-Humus-Komplex im Wurmhumus nicht weit her, wenn man Mistwürmer nur durch Mist kriechen lässt. Wo soll der mineralische Anteil herkommen? Mit dem nachträglichen Beimischen von Lehm, Ton oder ähnlichem ist es nicht getan. Die gewünschte innige Verbindung von Organischem und Mineralischem erfolgt nur im Verdauungstrakt des Wurms."

In den bisherigen, mir bekannten Anleitungen zur Wurmkompostierung, schweigt man sich zum Erdanteil aus (ausgenommen bei der ausschließlichen Verwendung von Pferdeäpfeln). Die beim Beikrautjäten den Pflanzenwurzeln anhaftende Erde kann schon ausreichend sein.

Noch eine Bemerkung zu Apfelsinenschalen. Es gibt Hinweise in der Literatur, dass die Schale der Apfelsine Schadstoff belastet ist. Die daraufhin durchgeführten Untersuchungen zeigten negative Auswirkungen auf die Wurmhaltung. Ich sortiere deshalb Apfelsinenschalen und andere belastete Abfälle aus meinen Küchenabfällen aus. Diese Rückstände tun Wurm und Mensch nicht gut.

Die verschiedenen organischen Futterstoffe enthalten im Allgemeinen alle Nährstoffe sowie Kalk in hinreichender Menge. Im Haushalt anfallende Eierschalen, die zu einem großen Teil aus Kalk bestehen, sind es wert, dem Boden wieder zugeführt zu werden. Sie werden von mir gesammelt und im Schredder zerkleinert. Dadurch wird die Angriffsfläche für die Zersetzung vergrößert. Wenn der pH-Wert des Gartenbodens niedrig ist, sollte der Kompost möglichst mild sein. Die von mir verwendete Kleintierstreu enthält viele Holzspäne, die die Gesamtmischung des Wurmfutters in den sauren Bereich drücken könnte.

Je Kubikmeter ist dann eine Gabe von zwei bis drei Kilogramm Kalk zu geben. Der Humuswurm ist empfindlich gegenüber Branntkalk und Asche. Ich selbst bevorzuge vorbeugend die Zugabe von gemahlener Kreide oder Algenkalk, die erst nach erfolgtem Aufschluss wirksam werden.

Ich möchte noch über eine Beobachtung an ausgerissenen Rasenbüscheln berichten, die ich dem Wurmfutter beimischte. Der Wurzelbereich des Rasensodens wurde überdurchschnittlich von Mistwürmern aufgesucht. Ich stellte fest, dass es weniger die Erde am Rasensoden ist, die die Würmer anlockt, sondern das Gemisch von frischen, angewelkten oder bereits abgestorbenen Rasenspitzen, das sie reizt hineinzukriechen und nach aufbereiteten Leckerbissen zu suchen. Rasensoden haben eine luftige, feuchte und lockere Struktur, alles günstige Voraussetzungen für eine erfolgreiche Wurmhaltung. Der Erdanteil im Rasensoden ist ebenfalls günstig, sollte aber eine gewisse Höchstgrenze nicht überschreiten. Rasensoden werden im Allgemeinen nicht als Wurmfutter empfohlen. In kleineren Mengen verabreicht, etwas aufbereitet und zerkleinert, spricht nach meinen Beobachtungen nichts dagegen.

Die verschiedenen Einzelstoffe des Kompostmaterials werden gut miteinander gemischt, um eine eventuell eintretende Schichtenbildung zu vermeiden. In modernen Kompostwerken misst man dieser Durchmischung große Bedeutung bei. Zum Zwecke dieser sogenannten Homogenisierung des Substrats lässt man dieses oft stundenlang durch Mischertrommeln laufen. Um Ausgangsmaterial erfolgreich mischen zu können, dürfen die

Einzelbestandteile nicht zu groß sein. Eine Zerkleinerung erhöht die Angriffsfläche für die Bodenmikroorganismen enorm.

Der „Mistprozess" des Herrn T. T.

Pferdedung steht mir persönlich nicht zur Verfügung. Er ist ein „heißer" Dünger und soll sich aufgrund seiner lockeren Struktur nach einer gewissen Ablagerungszeit hervorragend für die Wurmhumushaltung eignen. Seine Verwendung ist unter Beimischung von Erde ohne Zusatz anderer organischer Futterstoffe möglich. Die Verwendung von Pferdemist hat öffentliches Interesse erregt, und zwar im sogenannten Mistprozess. Dieser Gerichtsprozess war ein Musterprozess, in dem unter Heranziehung von wissenschaftlichen Gutachten klargestellt wurde, dass von der Wurmhumus-Kompostierung keine Umweltbedenken und -Belastungen ausgehen. Herr *T.* wurde wegen Gewässerverunreinigung durch Kompostanlagen unter Verwendung von Pferdemist, Panseninhalt und Baumwolle angeklagt. Ihm wurde zur Last gelegt: „1987 fortgesetzt und tateinheitlich handelnd unbefugt Abfälle, die nach Art und Beschaffenheit oder Menge geeignet waren, nachhaltig ein Gewässer oder den Boden zu verunreinigen unter wesentlicher Abweichung von einem vorgeschriebenen oder zugelassenen Verfahren gelagert zu haben."

Nach den Ausführungen eines Sachverständigen war sowohl eine Verunreinigung des angrenzenden Baches als auch des Grundwassers nicht zu befürchten. In der Sitzung des Amtsgerichtes in Borken/Westfalen vom 30. Mai 1988 wurde der Angeklagte freigesprochen. Seit dem 7.Juni 1988 ist das Urteil rechtskräftig.

Nach Stellungnahmen weiterer Behörden bestehen für das nach ihm benannte „Tacke-Flachkompostverfahren" zur Pferdemistkompostierung bei Berücksichtigung der vorgesehenen Abmessungen und Grenzabstände aus der Sicht des Immissionsschutzes sowie der Wasser- und Abwasserwirtschaft keine Bedenken.

Die Bezeichnung „Flachkompostverfahren" leitet sich davon ab, dass man die Miete vorerst nicht höher als 30 Zentimeter aufträgt und mit Erdwürmern versetzt. Danach werden wöchentlich je nach Anfall weitere Fut-

terschichten flach darüber ausgebreitet, die innerhalb eines Jahres trotz Rotteprozesses (Volumenreduzierung) bis auf 80, 100 oder 120 Zentimeter hoch anwachsen.
Der Gartenfreund muss nicht jeden Hinweis befolgen, aber er sollte die Zusammenhänge erkennen, um richtige Schlüsse für eigenes zielgerichtetes Handeln ziehen zu können.
Zusammenfassend möchte ich sagen, dass uns sowohl aus Haus, Hof, Garten, Landwirtschaft als auch Gewerbe eine Vielzahl von unterschiedlichen Futterstoffen zur Verfügung stehen. Man muss ihre Eigenschaften kennen, um sie richtig miteinander kombinieren zu können. Mit dieser Kompostierungsmethode leistet der Gärtner einen nicht zu unterschätzenden wertvollen Beitrag zur umweltfreundlichen Abfallbeseitigung.

Meine Wurmhumusanlage „Marke Eigenbau"

Meine erste Wurmanlage ähnelte einem kleinen Frühbeet, das etwas in die Erde eingelassen und mit schwarzer Folie überspannt war. Die Ausbeute an Wurmhumus war bescheiden.

In Auswertung meiner bisherigen Versuche und der dabei gesammelten Erfahrungen entschloss ich mich, mit minimalem Aufwand eine relativ stabile und ausreichend große Wurmhumusanlage zu bauen, die auch für die Überwinterung unter Freilandbedingungen geeignet sein sollte.

Ich war mir bewusst, dass durch Größe und Bauweise der Anlage bereits im Vorfeld wichtige Voraussetzungen für eine erfolgreiche Wurmkompostierung gelegt werden. Wichtige Faktoren sind z.B.

- maximales Volumen bei minimaler Außenfläche
- Unterbindung der seitlichen Kaltluftzufuhr im Winter und
- Schutz vor Austrocknung im Sommer sowie vor Fraßfeinden.

Ausgediente Wellstoffplatten dienen als Wurmhumusanlage.

Wanderkasten nach dem Zweikammerprinzip

Ausgediente Wellkunststoffplatten einer Gewächshausanlage schienen mir für den Bau der neuen Behausung meiner unterirdischen Mitarbeiter geeignet. Vier Platten, etwa einen Meter hoch, wurden mit einem Radius von etwa einem Meter im Kreis aufgestellt und in die Erde eingelassen, zwei davon gegenüberliegend einbetoniert. Die beiden anderen Platten dazwischen habe ich herausnehmbar so angebracht, dass die sich überlappenden ausgedienten Weichkunststoffplatten mit Schrauben gesichert werden können. Dies ist für die Kompostentnahme wichtig.

Den Boden der Anlage hob ich kreisförmig etwa zwanzig Zentimeter tief aus. Er wurde mit feinmaschigem Maschendraht ausgelegt (Maulwurfabwehr) und an den Seiten zusammen mit den stationären Kunststoffplatten einbetoniert. Genau in der Mitte der kreisrunden Anlage habe ich einen starken Holzpfahl eingeschlagen, der oben mit einer runden Holzplatte abschließt. Diese dient als Stütze für Abdeckmaterial, zum Schutz vor Regen, direkter Sonneneinstrahlung, Frost und Kälte sowie Schnee. Ich nenne die Anlage „Wurmsilo", im Gegensatz zur „Wurmkompostmiete". Diese Wurmanlage arbeitet nach dem Zweikammer-Prinzip, mit dem Unterschied, dass die Grenze nur virtuell besteht.

Auf dic Anlage von zwei voneinander getrennten Kammern, wie man es immer wieder bei Veröffentlichungen zum Thema „Regenwurmwanderkasten" lesen kann, wurde verzichtet. Der Bau eines solchen Wanderkastens ist mit erheblichen Aufwendungen verbunden. Aus Lochziegeln wird eine Zwischenwand, eine „Mauer", errichtet und ebenfalls der Boden mit ebensolchen Ziegeln ausgelegt. Die Wand muss für den Wurm durchlässig sein und besteht meistens aus gemauerten Hohlziegeln, die so verlegt werden, dass die Würmer hindurchkriechen können. Aus meiner Praxis kann ich sagen, dass ich keine Mauer brauche.

Der fertige abgelagerte Wurmhumus besteht aus festen, zusammenhängenden Bodenkrümeln, die eine stabile Schicht bilden. Indem ich eine Außenplatte vom Wurmsilo entferne, kann ich bequem den fertigen Humus entnehmen und die andere Hälfte mit den Würmern bleibt senkrecht stehen. Wozu brauche ich da noch eine Mauer?

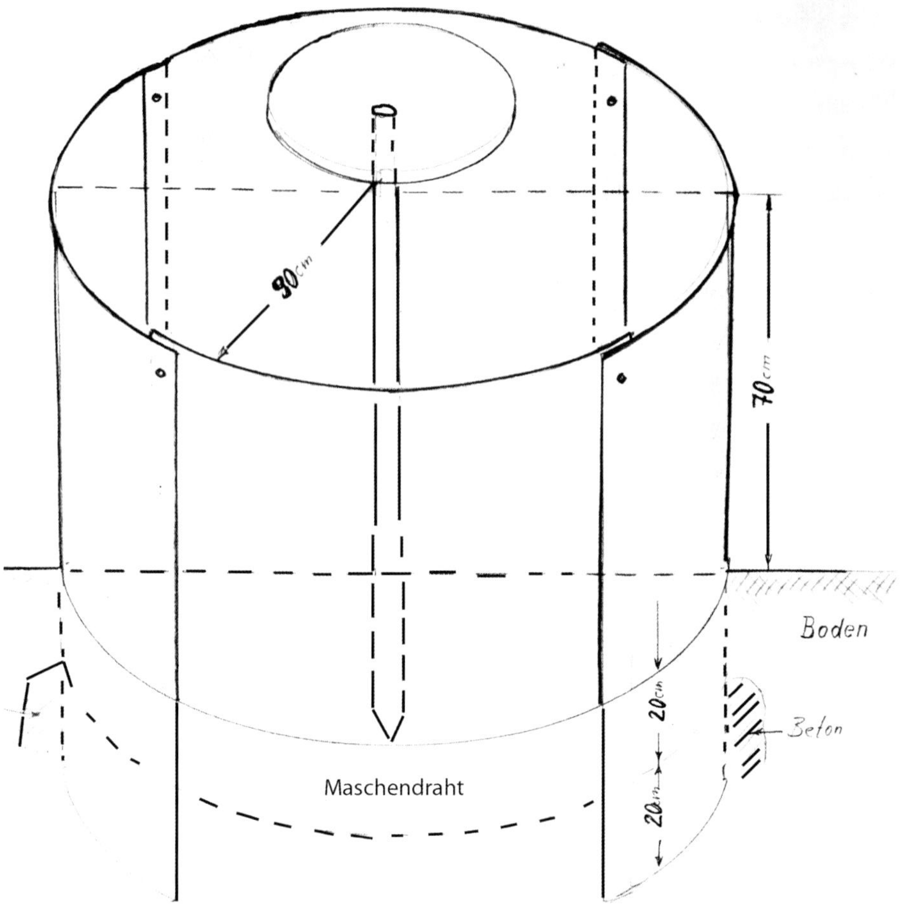

Schematische Darstellung zum Bau meiner Wurmhumusanlage.

Der Bau von Mauern ist meist teuer, mit dem Ergebnis, dass der „Reiseverkehr" (in diesem Fall der Würmer) behindert wird. Erdwürmer sind „freiheitsliebend" und lassen sich nicht einsperren. Ich garantiere meinen Kompostwürmern „freien Reiseverkehr" zwischen Ost und West.
Als „Nachtkriecher" verlassen sie nicht nur im Sommer bei genügender Feuchtigkeit sogar geschlossene Anlagen und sind in der näheren Umgebung präsent. Obwohl meine Anlage ohne Mauer auskommt, beruht sie doch auf demselben Prinzip, sodass es möglich ist, steuernd in das Geschehen im Wurmsilo einzugreifen, so z.B. die Würmer von der einen Seite auf die andere zu locken. Notfalls wird mit der Mistgabel nachge-

holfen. Einige Wochen bevor der fertige Wurmhumus auf der einen Seite abgebaut und entnommen werden soll, werden die verbliebenen Würmer zusammen mit der oberen Futterschicht auf die andere Seite der Anlage gezogen. Die zu räumende Seite wird zunehmend trocken gehalten (Vortrocknung der Wurmerde), sodass weitere Würmer selbständig auswandern zum frischen Futter nebenan. Bei der Räumung der Humuserde orientiere ich mich an seitlichen Markierungen. Einfacher geht´s nicht.

Aufbereitung des Fertigproduktes

Die Größenordnung der Anlage finde ich für meine 350 Quadratmeter große Kleingartenparzelle angemessen. Die Bodenfläche meines Wurmsilos beträgt mindestens dreieinhalb Quadratmeter Grundfläche. Jedes Jahr entleere ich die Hälfte der Anlage.

Ein Teil des gut ausgereiften Wurmhumus verwende ich ungesiebt sofort zur Bodenverbesserung im Garten, der andere Teil wird auf einer Plane ausgebreitet und an der Luft getrocknet bis er siebfähig ist. Die internen Empfehlungen des Optimus-Verbandes schenkten diesem Siebvorgang zur Herstellung eines besonders reinen und hochwertigen Endprodukts höchste Aufmerksamkeit. Die Verwendung von besonders feinen Sieben (zwei Millimeter) war vorgeschrieben.

Dieser hohe Aufwand macht die Aufbereitung aufwendig und teuer. Der getrocknete und gesiebte Wurmhumus ist gut haltbar und lässt sich problemlos lagern.

Insgesamt stehen mir im Jahr mehr als eineinhalb Kubikmeter Wurmerde (entspricht etwa eine Tonne Gewicht) zur Verfügung. Mit dieser Menge bin ich völlig autark. Im kommenden Jahr ist der Wurmkompost der zweiten Kammer gebrauchsfertig. Sobald eine Hälfte leer geräumt ist, wird sofort neu angesetzt und beimpft. Die Fütterung kann wieder auf beiden Seiten erfolgen.

Die Betreuung der Anlage

Auf der neu angelegten Hälfte breite ich zunächst auf dem Boden grobes, schwer zersetzbares Material aus, wie z.B. geschredderte Holz- und Rindenspäne oder kleine Äste und ähnliches. Es soll für gute Dränage und Durchlüftung sorgen. Als Nächstes gebe ich halbverrottetes organisches Material mit Erdzusatz zu, welches das Wurmsubstrat aufnimmt. Nun schichte ich frische Abfälle, die als Wurmfutter dienen, obenauf. Es sollte wegen der Überhitzungsgefahr nicht zu viel auf einmal aufgetragen werden, besonders wenn kurzer Rasenschnitt vom Rasenmäher dazu kommt. In der folgenden Zeit werden jede Woche mäßige Mengen organischen Materials unterschiedlicher Zusammensetzung vermischt flächig aufgebracht. Durch die beginnende mikrobielle Zersetzung wird Wärme freigesetzt, die sogenannte Fermentationswärme. Die Humuswürmer der Art *Eisenia* sind zwar wärmeliebender als andere einheimische Wurmarten, aber bei über 30 Grad Celsius wird es für sie ungemütlich, sie wandern ab und das ist nicht beabsichtigt.

Um der übermäßigen Erwärmung großer Mengen von Abfällen in der Wurmanlage vorzubeugen (besonders in den Sommermonaten), ist die Anlage eines Vorrotteplatzes nützlich. Dieser kann plötzlich anfallende größere Mengen pflanzlicher Abfälle aufnehmen und eine eventuell einsetzende Erwärmung der Materialien langsam zum Abklingen bringen, ohne dass die Kompostwürmer in Mitleidenschaft gezogen werden. Das angerottete Material kann nach und nach als Futter den Würmern gegeben werden. Sind die Temperaturen trotz aller Umsicht zu hoch angestiegen, können diese durch vorsichtige Wasserzugabe herabgedrückt werden. Wem das zu umständlich ist, der bringt das Wurmfutter ungleich verteilt aus, sodass die Erwärmung nicht gleichmäßig die gesamte Anlage erfasst. Die ungleiche Futterverteilung auf die beiden Kammern lässt den Würmern Rückzugsmöglichkeiten offen, um nicht gegart zu werden. Bei zu hohen Temperaturen soll es bei *Eisenia* zu Missbildungen kommen. Der Anstieg auf 40 Grad Celsius ist absolut tödlich.

Ein *Bodenthermometer* leistet wertvolle Hilfe. Ich benutze es ständig, damit ich weiß, ob es meinen zahlreichen „verdeckt" arbeitenden Mitarbeitern gut oder schlecht geht. Andere Wurmhalter beweisen, dass es

Temperaturmessung mit Bodenthermometer.

auch ohne Thermometer geht. Ebenso wichtig wie die Temperatur ist der Wassergehalt der sich zersetzenden Abfälle.

Wenn die Temperatur in der Anlage steigt, erhöht sich automatisch die Verdunstung. Dadurch steigt die Gefahr der Austrocknung. Wenn die Temperaturen schon im oberen Grenzbereich liegen, soll wenigstens die Feuchtigkeit stimmen.

Bei Hitze- und Trockenperioden befeuchte ich die Anlage nach Möglichkeit täglich mit ein bis zwei Gießkannen Wasser. Das sich in Rotte befindliche Material soll feuchter sein als im normalen Kompostansatz. Zur Feststellung der optimalen Feuchtigkeit wende ich die sogenannte *Faustprobe* an. Man nimmt etwas Wurmfutter, das sich bereits in der Zersetzung befindet, und drückt es in der Faust zusammen. Dabei sollten einige wenige Tropfen austreten.

Auch eine große Anzahl von kleinen hellen Insekten (etwa zwei Millimeter groß) in und auf der sich zersetzenden organischen Substanz, zeigen einen ausreichenden Feuchtigkeitszustand an. Es handelt sich um die schon erwähnten Springschwänze (Collembolen).

Beim genauen Hinsehen entdeckte ich noch weitere kleine weißliche Würmchen (zwei bis dreißig Millimeter lang) im etwas tiefer gelegenen Wurmfutter, die ich anfangs mit kleinen Kompostwürmern verwechselte. Sie befinden sich an einigen Stellen massenweise nebeneinander ähnlich eines weißen Watteflaums. Es handelt sich um Borstenwürmer der Familie Enchytraeidae (*Hennig* 2011). Auch sie gehören zur Lebensgemeinschaft Komposthaufen.

Das Vorhandensein von Kellerasseln und Ameisen in der Anlage weist dagegen auf relative Trockenheit hin, die den Lebensbedingungen der Würmer abträglich ist. Das Vertreiben von Ameisen mit Wasser kann sich mitunter schwierig gestalten.

Optimale Feuchtigkeits- und Temperaturverhältnisse beschleunigen die mikrobielle Umsetzung des Futters, es wird matschig und breiig. Die Kompostwürmer brauchen die verwesende breiige organische Substanz nur noch aufzusaugen. Bei optimalen Bedingungen können sich die Würmer rasant und in immer größerem Tempo vermehren. Trotz dieser hohen Vermehrungsquote von *Eisenia*-Würmern sollte die Ausgangsmenge beim Neuansatz nicht zu gering bemessen sein, um Anfangsschwierigkeiten zu vermeiden. Ein bis zwei Wassereimer mit Würmern einschließlich Substrat sollten es schon sein. Die gesellig lebenden Tiere laufen sonst Gefahr, sich zu verlaufen. Obwohl sie Zwitter sind brauchen sie sich gegenseitig bei der Befruchtung der Eier, um lebensfähige Nachkommen zu zeugen.

Einblick ins volle Wurmleben. Ganz oben sieht man die weißen Borstenwürmer.

Das ungeklärte Phänomen der Knäuelbildung bei Humuswürmern

Eine Eigenart der Gattung *Eisenia* ist das Phänomen der sogenannten Knäuelbildung. Eine Vielzahl von Kompostwürmern tritt in unmittelbaren Körperkontakt zueinander, sie sind miteinander verschlungen und bilden kugelförmige Gebilde. Es ist beeindruckend. Ich habe sogar gesehen, wie eine solche Kugel ein gewisses Eigenleben entfaltete, sie rollte eine kleine Unebenheit hinunter. Es soll noch keine Erklärung für dieses Phänomen geben. Wenn es nicht so niedrig organisierte Geschöpfe wären, würde ich sagen, sie pflegen soziale Kontakte wie die Affen „beim Lausen".

Eisenia ist für eine häufige Knäuelbildung bekannt.

Die Knäuelbildung ist eine schleimige Angelegenheit. Bei der Überwinterung von Liftwürmern kommt es in für diesen Zweck angelegten Überwinterungshöhlen ebenfalls zur Knäuelbildung. Sie soll vor Austrocknung schützen. Im lockeren Futter nahe der Oberfläche müssen Oberflächenwürmer mehr um ihre Austrocknung fürchten als andere Wurmarten. Für mich ist die Eigenheit der Knäuelbildung bei Humuswürmern logisch, sie dient dem gegenseitigen Einschleimen; ein Schutz vor Verdunstung und Austrocknung. Dazu kommt meine Beobachtung von Humuswürmern, die sich – aus welchem Grund auch immer – außerhalb des Futterbetts aufhielten und engen Körperkontakt suchten. Im Jahr 2011 beobachtete ich eine geringere Knäuelbildung. Ich führe es darauf zurück, dass ich die Anlage feuchter hielt als in der Zeit zuvor.

Der Vorteil einer fest installierten geschlossenen Anlage ist ganz einfach die Möglichkeit der größeren Einflussnahme des Menschen auf die Lebensbedingungen der Erdwürmer. Optimale Lebensbedingungen für die Würmer sind sehr wichtig, um die Wurmkompostierung effektiv zu gestalten. Die Ansprüche der Kompostwürmer der Gattung *Eisenia* sind mannigfaltig:

- Würmer sind lichtscheue Gesellen. Bei Beschattung fressen sie sich bis nahe der Oberfläche heran.
- Würmer lieben es feucht, aber nicht nass. Durch Abdeckung oder deren Entfernung kann auf das Eindringen natürlicher Niederschläge Einfluss genommen werden.
- Bodenmikroorganismen und Kompostwürmer bedürfen eines geschützten feucht-warmen Milieus. Eine bauliche Anlage bietet Windschutz.
- Würmer dienen in der freien Natur vielen Tieren als Grundnahrungsmittel, diese können leichter durch bauliche Anlagen abgeblockt werden.

Bei der Haltung des Erdwurms durch menschliche Einflussnahme steht der Schutz des Wurms im Vordergrund: der Schutz vor Austrocknung und Übernässung, vor Hitze und Kälte, vor ultravioletter Strahlung und direkter Sonneneinstrahlung, vor Auswanderung und den zahlreichen natürlichen Fressfeinden. Ziel ist es, einen hohen Wurmbesatz zu realisieren.

Je mehr Kompostwürmer, desto besser das Ergebnis, d.h., die gesamte organische Substanz läuft über den Wurmmagen. Die Wurmdichte hat positiven Einfluss auf die Stabilität der Umsetzungen.

Der Schutz gegen tierische Fressfeinde

Der Wurmhalter sollte vor allem die Maulwurfabwehr im Auge behalten. In der Anleitung der Firma Vermi-HUM heißt es dazu: „Der gefährlichste Feind des Regenwurms ist der Maulwurf, da er den Wurmbestand, ist er erst einmal in das Beet eingedrungen, erheblich dezimieren kann. Er sammelt für den Winter große Mengen an Regenwürmern und legt einen Vorrat an. Durch Einbeißen in den „Kopf“ wird dem Wurm das Grabevermögen entzogen und somit kann er nicht mehr aus der Vorratskammer des Maulwurfs entweichen.“

Meine bauliche Anlage trotzt nun schon seit Jahren den Angriffen dieses gefährlichen Feindes. Gegen andere Feinde ist der Schutz meines Eigenbaus weniger erfolgreich. Es sind Mäuse, und zwar Spitzmäuse *(Crocidura suavedens),* die regelmäßig meine Anlage als Winterquartier nutzen und durch ihre enorme Wühlarbeit in Form von großen Löchern und Gängen auf sich aufmerksam machen. Im Gegensatz zu Feldmäusen, die dem Regenwurm nicht gefährlich werden können, sind diese Fleischfresser. Jedes Jahr versuche ich erfolglos, sie los zu werden – vergebens. Inzwischen habe ich mich mit ihnen abgefunden. Sie schmälern zwar den Wurmbestand, belüften aber durch ihre Gänge das Kompostmaterial. So haben die Spitzmäuse auch ihr Gutes.

Was ich nicht vermutet hätte, ist auch, dass Schnecken den Humuswürmern gefährlich werden können. Man kann sie sogar tief im Kompost entdecken. Wovon leben die dort?

Zwischen mehreren Humuswürmern habe ich unter ihnen eine Nacktschnecke auf dem Kompost gesichtet. Auf dem ersten Blick nichts Ungewöhnliches. Beim näheren Hinschauen wurde mir klar, dass hier eine Schnecke gerade einen Wurm frisst. Der bereits angefressene Wurm endete genau vor den Fresswerkzeugen der Schnecke. Ich hörte sie förmlich schmatzen. Ein kampfloser Tod, den auch Würmer aus der nächsten Umgebung nicht registrierten. Wie ich unschwer erkennen musste, sind die Sinnesorgane des Wurms für die Wahrnehmung solcher Attacken offensichtlich nicht geeignet.

Bestimmte Vogelarten gelten als geschickte Wurmfänger. Gezielte Übergriffe von Vögeln auf meine Wurmkompostanlage sind mir nicht bekannt.

In einigen Wurmfarmen sollen Maulwurfsgrillen *(Gryllotalpa gryllotalpa)* größere Schäden in den Wurmanlagen angerichtet haben. Es handelt sich um eine etwa vier Zentimeter lange Grillenart, die in selbst gegrabenen Erdhöhlen lebt.

Je höher die angesetzte Futterschicht und je höher die sich bildende Wurmkompostschicht, die von unten nach oben wächst, desto schwieriger wird die Durchlüftung der Anlage. Die Mietenhöhe sollte allgemein 60 Zentimeter nicht übersteigen. In meiner Anlage beträgt die Höhe etwa 80 Zentimeter und mehr. Trotzdem halten sich nach der Vererdung der Futtermasse noch Humuswürmer in den unteren Schichten auf. Ich schließe daraus, dass die Belüftung trotz der Höhe in Ordnung ist.

Meine hier vorgestellte Wurmhumusanlage ist nur eine von vielen. Ich bin der Meinung, es kommt auf das Prinzip und die Anpassung an die örtlichen Gegebenheiten an, nicht auf die eine oder andere Besonderheit. Der Klein- und Schrebergärtner sowie der „gelernte DDR-Bürger" wussten sich seit jeher zu helfen. Und ich denke, das sollte auch so bleiben. Indem ich ausrangiertes Material bzw. Abfälle einer nutzbringenden Verwendung zuführte, wurden Material und letztlich Energie und Ressourcen gespart, Natur und Umwelt entlastet. Es ist auch eine Frage des Bewusstseins jedes Einzelnen, die zum Umdenken führt und die Lösung der vor uns stehenden Aufgaben einer nachhaltigen Entwicklung erst ermöglicht.

Wurmhaltung im Winter

Nachdem im Herbst ein Höhepunkt im Leben der Bodenorganismen erreicht wurde, kommen das Bodenleben und der Rotteprozess mit allmählichem Temperaturabfall, kalten Niederschlägen und Frosteinbruch in einem ungeschützten Komposthaufen bald zum Erliegen. Die Tätigkeit der Mikroorganismen und der Erdwürmer ist stark von der Temperatur abhängig.

Eingeschneite, abgedeckte Wurmanlage. Die im Inneren entstehende Wärme ließ den Schnee in der Mitte schmelzen.

Im Mittelpunkt aller Bemühungen steht die Temperatur

Durch kalte Niederschläge wird die niedrige Temperatur in den Kompost getragen. Starke Regenfälle erschweren die Selbsterwärmung der organischen Substanz durch mikrobiellen Abbau. Bei einer Temperatur von unter zehn Grad Celsius fühlt sich der Kompostwurm nicht mehr wohl. Er tritt in den Hungerstreik und für die Fortpflanzung sind seine Kräfte auch nicht mehr ausreichend. Er zieht sich zurück in wärmere Schichten. Die Bewegungen des wechselwarmen Tieres werden immer langsamer und er verfällt schließlich in Kältestarre.

Ein Zeichen dafür, dass bei der Kompostierung unter Winterbedingungen nicht mehr viel passiert, sind die im Herbst aufgebrachten Abfälle, die bis zum Frühjahr fasst unverändert auf dem Kompostplatz liegen. Das ist kein unabdingbares Schicksal. Es gibt nun zwei Verfahrensweisen:

1. *Ich überlasse die Erdwürmer ihrem Schicksal,* kümmere mich nicht weiter um sie und hoffe, dass sie sich zu Frühlingsbeginn von allein wieder einfinden. Dieser Weg bereitet dem Wurmhalter die wenigste Arbeit, ist aber mit dem höchsten Risiko behaftet.
2. *Es wird durchgearbeitet:* Durch kleine, wohlüberlegte Änderungen und vorbeugende bauliche Maßnahmen ist es möglich, den Kompostierungsprozess am Leben zu erhalten, d.h. den so wichtigen Bodenmikroorganismen auch im Winterhalbjahr günstige Lebensbedingungen zu bieten.

Die Humuswürmer sind auf die Vorleistung der Mikroorganismen in zweifacher Hinsicht angewiesen: zum einen auf die Zersetzungswärme und zum anderen auf die Vorverdauung des Futters, die die Aufnahme der organischen Substanz durch den Wurm erst möglich macht.

Das zeigt, dass der mikrobielle Abbau und die Fresstätigkeit der Würmer Hand in Hand gehen.

Es gilt also, durch geeignete Maßnahmen ein Mikroklima in der Wurmanlage aufzubauen, das dafür sorgt, dass auch in den Wintermonaten die Wurmkompostierung fortgeführt werden kann. Die angehäuften Mengen organischen Materials vermögen unabhängig von der Jahreszeit große Wärmemengen freizusetzen.

Die anzustrebende Temperatur sollte sich im Winter nach Möglichkeit in den Grenzen zwischen plus 10 Grad Celsius und plus 25 Grad Celsius bewegen. Die Einhaltung eines optimalen Temperaturbereichs ist sowohl im Sommer als auch im Winter nicht leicht, sie hängt stark von der aufgetragenen Futtermenge und der Wärmedämmung ab. Der begrenzende Faktor im Winter ist eindeutig die Temperatur. Die Aufrechterhaltung einer angemessenen Temperatur steht deshalb im Mittelpunkt aller Bemühungen. Der Wassergehalt des Substrats hat Einfluss auf die Temperatur. Vernässtes Futter erwärmt sich im Winter so gut wie nicht mehr. Meine Devise lautet: Im Winter die Anlage lieber etwas trockener als zu feucht halten.

Aufbauend auf den einleitend beschriebenen Zusammenhängen und in zahlreichen Versuchen gesammelten Erfahrungen bin ich der Meinung, dass es bei richtiger Handhabung grundsätzlich möglich ist, unabhängig von der Jahreszeit, eine ausreichende Erwärmung herbeizuführen, um die Wurmkompostierung auch in den Wintermonaten mit hinreichendem Erfolg betreiben zu können.

Dazu nun einige wichtige Überlegungen und Hinweise, wie man dem Schnee und der Eiseskälte ein Schnäppchen schlagen kann. Die Schwierigkeit in der praktischen Handhabung besteht darin, dass es mehrere gleichzeitig wirkende Einflussfaktoren gibt, die darüber hinaus ständigen Änderungen unterliegen. Ich habe mir die Aufgabe gesetzt, diese Einflussfaktoren und deren Wechselwirkungen aufzuspüren und versucht, gewisse Regeln zu finden, die den Fortgang der Kompostierung auch im Winter ermöglichen.

Wichtige Maßnahmen zur Überwinterung

Ich setze bei der Überwinterung der Würmer in erster Linie auf die Aufrechterhaltung der fermentativen Erwärmung des Futtersubstrats. Es verspricht die größte Wirkung, die Kompostierung nahtlos in den Wintermonaten fortzuführen. Die herausragende Stellung der Futtergabe erklärt sich aus deren Dreifachfunktion, die ihr im Winter zukommt: Sie sorgt gemeinsam mit den Bodenorganismen für die Erwärmung, sie liefert Nahrung und schützt das Leben in der Anlage vor äußeren Einflüssen. Um diesen Trumpf voll ausspielen zu können, habe ich folgende Schlussfolgerung gezogen:

1. Man sollte sich vom ersten Frost nicht überraschen lassen. Der/die kluge Mann/Frau baut vor. Rechtzeitig Futterreserven anlegen, wie z.B. einige Säcke gehäckseltes Herbstlaub, das bei Bedarf hervorra-

gend zur Wärmedämmung eingesetzt werden kann. Gleichzeitig dient es als Futter, überschüttet und gemischt mit anderen Abfällen.

2. Beschaffenheit und Größe der Wurmanlage sind für die Wintertauglichkeit nicht unwesentlich.
3. Wichtig ist, dass ich mit einem gut erwärmten Kompostmaterial in den Winter gehe. Ist der Kompost erst einmal ausgekühlt und vernässt, ist es sehr schwer, ihn bei einsetzender Kälte wieder in Schwung zu bringen. Die meisten kleingärtnerischen Wurmhalter beenden mit den ersten Frösten die Periode der Wurmkompostierung im Freiland nach der Devise: Alles ist gefroren, nichts geht mehr. Einige beklagen, dass sie nicht mehr wüssten, wohin mit ihren Küchenabfällen. Für mich werden diese Abfälle im Winter immer wichtiger, sind sie doch eine der wenigen Futterquellen, die noch kontinuierlich anfallen und über eine gute Selbsterwärmung verfügen.
4. Um dem ersten Dauerfrost erfolgreich vorzubeugen, bedarf es allerdings etwas mehr Futter als normal üblich. Deshalb ist es vorteilhaft, wenn auf zusätzliche Futterreserven zurückgegriffen werden kann. Bei einer bevorstehenden stärkeren Frostperiode muss anständig eingeheizt werden, damit „der Ofen nicht ausgeht". Die erhoffte fermentative Erwärmung tritt zeitlich verzögert auf.
5. Sollte die eintretende Erwärmung nicht ausreichend sein, bleibt mir immer noch die Möglichkeit, durch äußere Schutzmaßnahmen für einen geringeren Wärmeverlust zu sorgen. Dabei können verschiedene Materialien zum Einsatz kommen. Ich verwende z.B. für die Wärmedämmung gehäckseltes Laub. Des Weiteren arbeite ich viel mit Pappkarton, der großflächig direkt auf die Futterschicht gelegt werden kann. Bei starkem Frost kommen Polystyrolschaumstoffplatten zum Einsatz. Sie sind leicht und enthalten viel Luft (guter Isolator). Ich beschwere sie mit Steinen, damit sie gut angedrückt liegen. Nach außen wird alles mit einer wasserdichten Plane abgedeckt, die in der Mitte abgestützt wird, damit sie nicht direkt auf dem Material aufliegt und noch genügend Luft zum Atmen verbleibt. Die Luft- und Sauerstoffversorgung der Anlage muss auch im Winter gewährleistet sein.
6. Auch die längste Frostperiode geht einmal zu Ende und wird von Tauwetter und milden Temperaturen abgelöst. Diese Zeit gilt es unbedingt

für lebenserhaltende Maßnahmen zu nutzen, d.h. die sich zwischenzeitlich angesammelten Abfälle aus Küche und verbrauchte Tiereinstreu, können jetzt der geöffneten Wurmanlage zugegeben werden, um den dringend benötigten Futternachschub zu gewährleisten.

Beide Maßnahmen, nämlich verstärkte Futtergabe und äußere Kälteschutzmaßnahmen reichen normalerweise aus, um die Würmer im Winter ausreichend zu schützen.
Das Schlimmste, was bei der Winterhaltung passieren kann, sind lang anhaltende, strenge Dauerfrostperioden. Dadurch kann es zu zeitweise witterungsbedingten Unterbrechungen kommen. Sie müssen unter den Erdwürmern nicht unbedingt zu größeren Ausfällen führen. Die Wurmkompostierung wird lediglich unterbrochen, erwachsene Würmer wandern zu verbliebenen Wärmenestern oder verfallen in Kältestarre. Wenig bewegliche Jungwürmer
sind jetzt gefährdet, sie haben geringere Reserven und fallen als erste dem Frost zum Opfer. Der „Winterschlaf", bei dem die Würmer in größerer Tiefe sorgfältig zusammengeringelt, einzeln oder in Gruppen den Winter abwarten, ist meines Wissens nur bei Liftwürmern, z.B. dem bekannten Aalwurm *(Lumbricus terrestris)* zutreffend, nicht bei *Eisenia.*

Beobachtungen zur Kälte- und Frostresistenz

Welche erstaunliche Kälte- und Frostresistenz Kompostwürmer der Gattung Eisenia aufweisen können, möchte ich an einem nachfolgenden Beispiel demonstrieren:
Nach einer zweiwöchigen Kälteperiode Ende des Jahres 2005, mit zeitweiligem Dauerfrost von Temperaturen bis minus acht Grad Celsius und darunter, war nicht nur das Wasserfass eingefroren, sondern ein mit Kuhdung und Wasser zur Hälfte gefülltes Fass ebenfalls.
Auf der Oberfläche des Wasser-Dung-Gemisches entdeckte ich eine Anzahl von Kompostwürmern, die in das Fass in wärmeren Zeiten eingewandert sein müssen. Sie waren eingefroren und bewegten sich nicht (Kältestarre). Nach einsetzendem Tauwetter lag ein Teil der Würmer un-

Im Eis angefrorene Humuswürmer.

tergetaucht in einer Wasserlache. Die Körper der Würmer sahen erbärmlich aus und bewegten sich beim Antippen mit dem Finger nicht. Ich schrieb sie ab. Die anderen Würmer, die sich nicht im Wasser befanden, verharrten ebenfalls in Ruhestellung, beim Antippen mit dem Finger deutete ich eine leichte Bewegung als Lebenszeichen.

Ich beschloss, die zufällige Beobachtung für einen Versuch zu nutzen, um die Überlebenschancen der aufgefundenen Tiere zu erkunden. Ich brachte die Würmer in ein mit abgelagertem Futter bestücktes Plastekörbchen, das ich im warmen Kompostsilo platzierte. Ein Teil der Würmer machte sich bereits beim Umsetzen auf den Weg, das Körbchen zu verlassen, hatte also überlebt. Bei den anderen leblos wirkenden Würmern, die ich an einer markierten Stelle mit Körbchen ausgesetzt hatte, fand ich nach zwei Tagen nur lebende Tiere vor, keine toten. Sie hatten also ebenfalls überlebt.

Ich war damals der Meinung, etwas Besonderes entdeckt zu haben, konnte man doch überall lesen, dass Würmer unter null Grad Celsius erfrieren. Jahre später fand ich im „Lexikon für Freunde der Bodenbiologie"

von *Graff* (1983) meine Beobachtungen bestätigt. Dort steht unter „Frostresistenz" geschrieben: „Verschiedentlich sind solche Tiere gefunden worden und waren nach erfolgtem Auftauen voll lebensfähig." Weiter heißt es: „Wenn das Blut und andere Körperflüssigkeiten gefroren wären, hätten die Tiere nicht überleben können."
Diese Ausführungen bestätigen meine Beobachtungen und zeugen von einer überaus beeindruckenden Robustheit gegenüber einer zeitweilig auftretenden Temperatur unter null Grad Celsius. Trotzdem waren meine Beobachtungen nicht umsonst, denn die Aussage im Lexikon bezog sich nicht auf Streu- bzw. Oberflächenwürmer, zu denen die Kompostwürmer gehören. Die nachgewiesene Robustheit besagter Kompostwürmer schließt nicht aus, dass bei Neueinsteigern mit niedrigem Wurmbesatz die Überwinterung misslingt oder die gewünschten Kompostwürmer sich im Frühjahr nur zögernd in geringer Zahl wieder einstellen.

Überhitzung im Winter

Die Aufrechterhaltung geeigneter Temperaturverhältnisse in der Wurmanlage ist mir so wichtig, dass ich nochmals darauf zurückkommen möchte. Gleichzeitig weise ich hiermit meine Leser auf Überraschungen hin. Sowohl eine Unterkühlung (unter 10 Grad Celsius) als auch eine Überhitzung (über 30 Grad Celsius) sind zu vermeiden. Ja, Überhitzung im Winter.
Eine zu starke Erwärmung kommt meist plötzlich durch zu große Futtergaben zustande. Erst will die Temperatur nicht ansteigen, dann geht alles sehr schnell, zu schnell. Ich übertreibe nicht, wenn ich diese schwer kontrollierbare Erscheinung mit der kritischen Masse bei der Nutzung der Kernenergie vergleiche. Wird sie überschritten, kommt es zur Explosion mit verheerenden Folgen. Eine „Temperaturexplosion" in der Wurmanlage sollte tunlichst vermieden werden. Da hilft nur, den Winterschutz zurücknehmen und wenn nötig den „Brandherd" vorsichtig mit Wasser zu löschen. Nach meinen Beobachtungen beschränkt sich die „Explosion" nicht auf die gerade in Verwesung befindliche obere Futterschicht, sondern breitet sich auf benachbarte, auch tiefer gelegene Bereiche aus. Ein

richtiger Flächenbrand wie bei einer echten Katastrophe. Diese krassen Unterschiede zur winterlichen Außenluft und die starke Beschleunigung der Umsetzung sind unseren Zielen abträglich. Eine langsame Erwärmung, die das Feuer über die gesamte Winterperiode nicht ausgehen lässt, ist besser. Ich vergleiche dieses Bemühen mit der Beherrschung des Feuers durch die Urmenschen, die durch ständiges Nachlegen von Holzzweigen dafür sorgten, dass ihr Lagerfeuer nie ausging.
Die Wurmkompostierung in den Wintermonaten fortzuführen ist nicht neu und wird in Wurmfarmen und Kompostbetrieben mit Abwandlungen praktiziert.
Ein geschätzter Gartenfreund von mir, dem ich vor Jahren zu Kompostwürmern verhalf, hat sich zwischenzeitlich mit seiner erfolgreichen Wurmkompostierung zu meinem „Widersacher" entwickelt. Im fachlichen Meinungsstreit, von dem wir beide partizipieren, gibt er mir zu verstehen, dass er das alles „ganz" anders mache und natürlich einfacher, und es trotzdem funktioniere. Seine Wurmkompostmiete ist nicht seitlich abgegrenzt, er schützt sie auch nicht vor winterlichen Niederschlägen, dafür liegt sie in einer geschützten Lage und die Kompostmiete ist aufgrund seiner umfangreichen Gartenfläche größer, was sie gegen Witterungsunbilden weniger empfindlich macht.
Rückblickend möchte ich zur Winterkompostierung sagen, dass sie eine echte Alternative sein kann, die Abfallverwertung ganzjährig fortzuführen und den Wurmbestand sicher durch den Winter zu bringen.
Genau betrachtet führen die Winterbedingungen natürlich zu gewissen Einschränkungen, die sich auch durch größte Sorgfalt nicht kompensieren lassen. Die günstigen Temperaturbereiche sind unter winterlichen Bedingungen räumlich beschränkt. In anderen Bereichen der Anlage ohne fermentative Erwärmung sind die Abbaubedingungen eher ungünstig. Die Gesamtleistung der beteiligten Zersetzer ist einfach geringer, die Kompostierung weniger effektiv.
Mein Ziel war, die ganzjährige Wurmhumuskompostierung auf kleingärtnerische Verhältnisse anzuwenden und Bedingungen und Faktoren zu untersuchen, die ausreichende Ergebnisse versprechen.
In jedem Garten ist das Mikroklima anders, sodass auch die durchzuführenden Maßnahmen und praktische Durchführung nichts Starres sind,

sondern den örtlichen Gegebenheiten angepasst werden sollten. Jedem bleibt es schließlich selbst überlassen wie viel Zeit er für dieses überaus nützliche Hobby aufwenden möchte und wie genau er es nimmt.
Ich hoffe, ich konnte mit meinen Überlegungen dazu beitragen, Überwinterungsängste bei praktizierenden und potenziellen Wurmhaltern abzubauen.

Die praktische Anwendung von Wurmhumus im Selbstversorgergarten

In meiner Kompostanlage verbleibt der Wurmhumus im Durchschnitt etwa ein Jahr, bevor er aufbereitet und verwendet wird. Es ginge auch bedeutend früher. Dieser Wurmkompost ist also gut ausgereift. Durch das regelmäßige Aufbringen von Wurmfutter ist eine fasst ein Meter hohe Schicht entstanden, die überwiegend aus Wurmkotkrümeln besteht. Sie ist von Natur aus recht feucht. Die eine Hälfte der Wurmanlage, die zur Aufbereitung ansteht, halte ich jetzt bewusst trocken, es wird kein Futter mehr aufgetragen und mit der Grabegabel von der Seite her aufgelockert. Damit will ich die noch verbliebenen Humuswürmer zum Auswandern in den anderen Teil der Wurmanlage veranlassen.

Geöffnete Wurmanlage zur Kompostentnahme.

Aufbereitung von Wurmhumus

Einen Teil dieses vorgetrockneten Wurmhumus verwende ich ungesiebt für die Bodenverbesserung und Düngung im Garten. Um das wertvolle Produkt gebrauchs-, sieb- und lagerfähig zu machen, ist eine weitere Trocknung vorteilhaft. Das sollte nach Möglichkeit im Schatten bei warmem und niederschlagsfreiem Wetter erfolgen. Ich erledige diese Arbeit ab dem Monat August. Ein großer Teil des Wurmhumus wird gesiebt, um die Kotkrümelchen von eventuellen Verunreinigungen bzw. noch unvollständig abgebauten Stoffen zu trennen.

Zum Trocknen breite ich das erdige Material auf einer Plane dünn aus. Trocken-warmes und windiges Wetter unterstützen den Trocknungsprozess. Vor zu viel Sonne beim Trocknen wird gewarnt. Das überreiche Bodenleben des Substrats, was es so wertvoll macht und von anderen Düngern unterscheidet, könnte Schaden nehmen. Durch die Benutzung von engmaschigen Sieben (zwei Millimeter) ist es möglich, nahezu reinen Wurmhumus zu gewinnen.

Wurmhumus liegt ausgebreitet zum Trocknen bereit.

Sieben von Wurmkompost. Kleines Bild: Lockerer gesiebter Wurmkompost.

Ich bevorzuge ein etwas gröberes Maß (etwa neun Millimeter). Die beigemischten organischen Bestandteile sind auch wertvoll. Nach dem Sieben entsteht eine herrlich aufbereitete krümelige lockere Wurmerde, die sich durch stabile Bodenaggregate auszeichnet.
Vor weiterer und zu starker Austrocknung ist der aufbereitete Wurmhumus zu schützen. Bei starkem Wasserentzug kommt es ähnlich wie bei Torf zur Wasserabstoßung bei Wiederbenetzung. Gesiebter Wurmhumus lässt sich gut in Säcken und Fässern lagern.
Der fertige Wurmhumus bietet auch weiterhin Nahrung für viele Bodenlebewesen, die sich in ihm aufhalten, während die Kompostwürmer schon lange abgewandert sind.
Gesiebter Wurmhumus eignet sich ausgezeichnet zum Beimischen zur Blumenerde für Haus und Balkon. Der Anteil beträgt je nach Bedürftigkeit der Pflanze 10 bis 30 Prozent. Gut möglich und zu empfehlen ist die Regeneration abgetragener Blumenerde durch Mischen mit Wurmhumus. Die alte abgetragene Erde kann wieder als vollwertige Pflanzerde verwendet werden.

Wurmhumus als universeller organischer Bodendünger

Eine Firma, die Wurmkompost anbietet, wirbt für ihr Produkt mit folgenden Worten: „Der Wurmkompost ist ein organisches Düngemittel mit ganz besonderen Eigenschaften, er wird von den Pflanzen direkt assimiliert und der hohe Anteil an Stickstoff, Phosphor, Kalium und Kohlenstoffen ist, verbunden mit einer außergewöhnlichen Bakterien- und Enzymflora, die wirksamste ökologische Antwort für vergiftete Böden und Pflanzen, [...] Wurmhumus ist geruchlos und frei von Schädlingen. Seine Verwendung ist absolut unschädlich, und auch größere Mengen greifen selbst die zartesten Keimlinge nicht an." Weiter heißt es, dass der Einsatz von Wurmkompost Ernten hervorbringt, die weit über den Durchschnitt derer liegen, die mit normalen chemischen Düngemitteln erreicht werden, auch wenn gleiche Mengen verwendet werden. Dazu kämen die vorzeitige Reife der Ernte, die höhere Qualität im Geschmack und Farbe (besonders bei Obst) sowie größere Erträge. Die Firma betont in Auswertung der von ihr selbst durchgeführten Versuche, die Stickstoff bindende Wirkung von Wurmhumus, die die Tatsache erklärt, dass keine Auswaschung von Nährstoffen erfolgt und eine Langzeitwirkung eintritt. Was ist dran am viel gepriesenen Wurmhumus oder gibt es gewisse Bedenken zur Anwendung, die der Aufmerksamkeit bedürfen?

Was muss der Anwender vom Wurmhumus wissen und beachten, um diesen mit Erfolg in seinem Garten anwenden zu können?

Rücker (1985) gibt in seinem Beitrag „Humus mit und ohne Wurm" einige Anhaltspunkte:

1. „Wurmhumus ist kein standardisiertes Material mit gleichbleibenden Eigenschaften."
   Seine Eigenschaften werden insbesondere vom Ausgangsmaterial, dem Futter, geprägt. Ein entsprechender Stallmistanteil erhöht z.B. den Stickstoffanteil des Produktes. Wurmhumus ist daher kein Dünger nach dem Düngemittelgesetz.
2. „Die Gehalte pflanzenverfügbarer Nährstoffe und die Verhältnisse sind nicht optimal. Dies wird ganz besonders deutlich, wenn man Topfpflanzen Wurmhumus beimischt. Sollen die darin gedeihenden Pflanzen genügend Stickstoff erhalten, muss so hoch konzentriert werden, dass sich der Kaligehalt negativ auf die Pflanzen auswirkt."
   Diese Ausführungen zeugen von einer chemisch-analytischen Betrachtungsweise. Ich selbst mische je nach Art der Zimmer- und Balkonpflanzen zehn bis 30 Prozent Wurmhumus mit Erfolg bei. Des Weiteren kann Wurmhumus auch als sogenannter Kopfdünger (als über die Pflanze gegeben) im Verlauf der Kultur angewandt werden. Bei Topfkulturen reichen schon wenige Löffel Wurmhumus in den Topfrand aufzutragen und gegebenenfalls einzuarbeiten.
3. „Wegen der vergleichsweise hohen Phosphat- und Kaliumgehalte empfiehlt es sich nicht Wurmhumus als alleinigen Dünger für Pflanzen in Gefäßen zu verwenden. Allerdings kann er die Eigenschaften eines Substrats verbessern und besonders die an Mikroorganismen armen Substrate auf Torfbasis beleben. Er sorgt für Spurenelemente und darüber hinaus für organische Verbindungen, deren Wirkung auf die Pflanzen derzeit nur vermutet werden kann."

Rücker geht es um den hohen Salzgehalt, wie er in chemischen Bodenanalysen bei Wurmhumuszusatz ausgewiesen wird. Zur Erhöhung des Stickstoffgehalts wäre eine vorbeugende Zugabe von Hornspänen zur Balkonerde möglich. In den vergangenen Jahren wurde Wurmhumus von vielen Biogärtnern erfolgreich getestet.
Das konnte mich nicht davon abhalten, diesen Überlegungen mit einem eigenen kleinen simplen Selbsttest nachzugehen. Ich pflanzte eine der beliebtesten Balkonpflanzen (Pelargonien) in zwei verschiedene Balkonkästen mit unterschiedlichen Beimengungen (20 und 100 Prozent) und plazierte sie auf meinem Balkon. Variante 1 entspricht der empfohlenen Beimischungsmenge von 20 bis 30 Prozent, Variante 2 stellt den Extremfall mit purem Wurmhumus dar. Die Auswertung erfolgte durch Inaugenscheinnahme.
Um es kurz zu machen: Die beiden Varianten wiesen kaum Unterschiede auf. Beide Balkonkästen zeigten ohne Nachdüngung einen reichen Blumenflor bis Weihnachten. Variante 2 hatte im November die besseren Blühergebnisse. Damit wurden zwei Fragestellungen zufriedenstellend beantwortet: Keine der Versuchspflanzen wurde durch

Variante 1 mit 20 Prozent Beimengung.

Variante 3 mit 100 Prozent Beimengung.

zu hohen Salzgehalt der Anzuchterde geschädigt, die Stickstoffversorgung war bei beiden Varianten über die gesamte Vegetationsperiode gewährleistet.

Obwohl ein solcher Versuch wissenschaftlichen Maßstäben nicht genügt, weist er doch in die richtige Richtung.

4. *Rücker* führt weiter aus: „In wurm- und humusarmen Böden .... kann Wurmhumus segensreich wirken. Besonders in leichten Böden wird die Struktur deutlich verbessert."

   Es ist allgemein bekannt, dass auch schwere Lehm- oder Tonböden, sogenannten „Minutenböden", von einer Humusanreicherung und Bodenbelebung ebenfalls profitieren. Beispielsweise werden die Zeitspannen der Bearbeitbarkeit dieser Böden verlängert.
5. Wurmhumus hat nicht nur ein hohes Nährstoffhaltevermögen, sondern ein ebenso hohes Wasserhaltevermögen. Dies sind umweltschonende Eigenschaften, die nicht hoch genug eingeschätzt werden können. Der behandelte Boden wird in die Lage versetzt, seiner Bodenfunktion voll gerecht zu werden (Umweltschutz).

Die angeführten Bedenken von *Rücker* bei der Verwendung von Wurmhumus konnten durch eine konsequent ökologische Herangehensweise vonseiten der Humuswirtschaft in zahlreichen Anbauversuchen völlig ausgeräumt werden.
Meine unter Punkt 3 (S. 67) erzielten Versuchsergebnisse sowie meine jahrelange Anbaupraxis bestätigen die Aussagen der weiter oben genannten Firma für Wurmkomposte bezüglich ihres Produktes. Es ist beruhigend zu wissen, dass Wurmhumus keine Mogelpackung ist! Er hat sich in den verschiedensten Situationen bewährt.

Vielseitige Anwendungsmöglichkeiten

Die praktische Anwendung von Wurmhumus im Garten ist äußerst vielseitig.
Durch die Haltung von Humuswürmern im eigenen Garten und Erzeugung ausreichender Mengen erweitern sich die Anwendungsmöglichkeiten von Wurmhumus. Der Kleingärtner ist nicht auf teuren zugekauften und fein säuberlich gesiebten Wurmhumus aus der Tüte angewiesen. Je nach Verwendungszweck kann ich Wurmhumus gesiebt, ungesiebt, unausgereift mit und ohne Wurmbesatz anwenden (siehe Darstellung „Möglichkeiten der Wurmhumusgewinnung und -Anwendung“, S.101).
Bei der Aussaat und beim Auspflanzen von Gemüse- und Zierpflanzen bevorzuge ich die Rillenausbringung von gesiebtem, gut ausgereiftem Kompost; beim Einpflanzen von Stauden, Büschen und Bäumen die Pflanzlochbeigabe; bei Rasenflächen die breitflächige Ausbringung.
Speziell bei Starkzehrern im Gemüsebau bin ich dazu übergangen, Wurmhumus mit Wurmbesatz anzuwenden. Dabei wird noch nicht vollständig vererdete organische Substanz mit Wurmbesatz, sogenannte Rohhumuserde, zusammenhängend entnommen und auf die bereits bepflanzte Erde als Unterlage für eine Mulchschicht ausgebreitet. Diese oberflächliche Schicht schützt vor Verdunstung und liefert ständig Nährstoffe nach, sodass ich beim nachträglichen Mulchen keinen Stickstoffmangel an der Kulturpflanze zu befürchten habe. Damit ist der hohe Nährstoffbedarf bis zum Kulturende abgesichert.

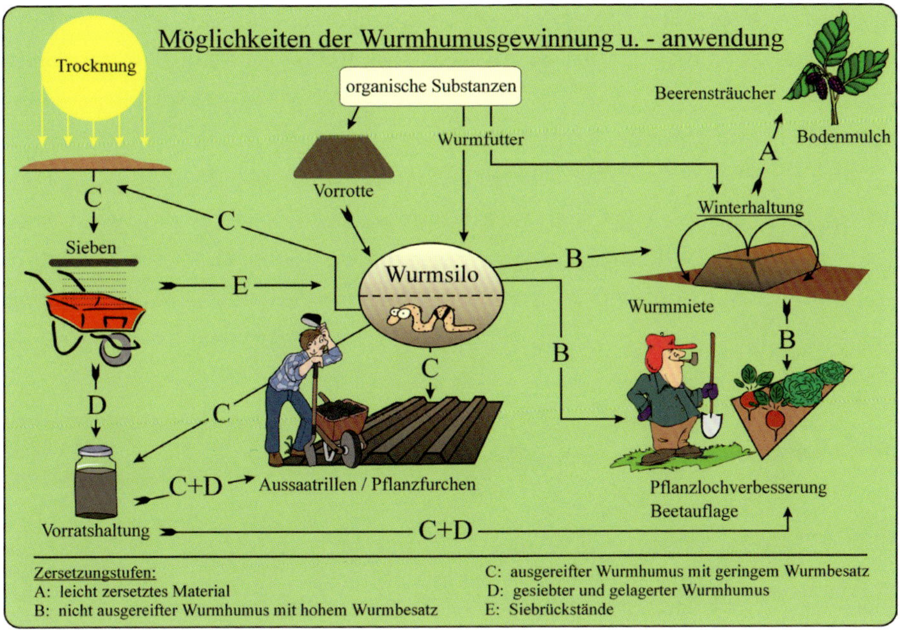

Das laufende Aufbringen von verschiedenen Mulchmaterialien während der Vegetationsperiode schützt nicht nur gegen Verdunstung, sondern dient auch gleichzeitig als Wurmfutter. Es ist eine Kombination der Wurmhumus-Anwendung mit dem Mulchverfahren an Ort und Stelle des Verbrauchs.

Die hohen Nährstoffanforderungen der Kulturpflanzen sind ohne Nachdüngung bis zur Ernte optimal gewährleistet. Dieser vielfältige Einsatz entbindet mich von der aufwendigen Arbeit der Aufbereitung von Wurmhumus und eröffnet neue Möglichkeiten. Bei Pflanzen mit hohen Nährstoffansprüchen verlagere ich die Wurmhumusgewinnung an Ort und Stelle des Verbrauchs, zur Pflanze (geringste Verluste), und kombiniere sie mit den Vorteilen des Mulchens. Leichter geht´s nicht. Die mit Material ausgebrachten Würmer werden durch das Aufbringen von Mulch geschützt und verarbeiten diesen anschließend als Futter.

Mit so angezogenen Pflanzen bin ich anderen Gartenfreunden in vieler Hinsicht überlegen. Sie strotzen vor Vitalität und Gesundheit. Was der Pflanze nicht anzusehen ist, sind deren innere Wertstoffe. Die mit Wurm-

humus angezogenen haben einen außerordentlich hohen Anteil an Wert bestimmenden Substanzen, wie wissenschaftliche Untersuchungen belegen.
Ihre Bewährungsprobe bestand die von mir ausprobierte Methode im „Jahrhundertsommer" des Jahres 2003. Ich hatte mit der Mistgabel unfertige, feuchte Wurmerde in zusammenhängenden Lagen mit Wurmbesatz zwischen die Pflanzenreihen der ausgewählten Pflanzen (Tomaten, Zucchini, Gurken) gegeben. Zum Schutz gegen Sonne und Austrocknung habe ich diese noch mit zusätzlichen, frischen, organischen Materialien bedeckt.

Auch Zucchinipflanzen reagieren positiv auf Wurmhumus.

Diese Schicht wird nicht nur von Mikroorganismen, sondern auch von den enthaltenen Humuswürmern langsam abgebaut und dient als langsam fließende Nährstoffquelle für die angebauten stark zehrenden Pflanzen. Mit dieser einfachen und wirksamen Methode, natürlich immer angepasst an die Witterungsbedingungen, die Standortfaktoren des jeweiligen Gartens und die Bedürfnisse der Pflanzenart habe ich seit Jahren beste Erfolge erzielt. Die Zucchiniernte war rasant. Ich hatte nur zwei Pflanzen, von denen ich pro Tag im Durchschnitt zwei bis drei kleine Früchte ernten konnte, und das drei Monate lang, macht etwa 200 Stück insgesamt. Ohne diese Behandlung hätte ich in diesem „Jahrhundertsommer" die Wasserversorgung trotz zweimaligen Gießens pro Woche nicht sicherstellen können. Eine Rekordernte trotz und wegen extremer Hitze und Trockenheit!

Das Spektrum der Wurmhumusanwendung ist breit: Gemüse, Zierstauden, Rasen, Bäume und Sträucher. Sie alle reagieren auf den Zusatz oder Beimischung von Wurmhumus ausgesprochen positiv. Eine Ausnahme bilden die sogenannten Moorbeetpflanzen (Erika, Azaleen, Heidelbeeren). Das wird meist verschwiegen. Auch für ausgesprochene Magerpflanzen und einige Steingartenpflanzen ist Wurmhumus zu nährstoffreich.

Zusammenfassend möchte ich feststellen, dass sich im Haus- und Kleingarten die Wurmhumusanwendung mit dem üblichen Mulchverfahren gut kombinieren lässt. Eine regelmäßige und vielfältige Anwendung von Wurmhumus ist geeignet, dem Ziel der Dauerhumusbevorratung langfristig näher zu kommen. Die Humuswirtschaft mit dem Kernstück der Wurmkompostierung wird für unsere Gärten, Felder und unsere geschundene Umwelt immer wichtiger, wenn wir nicht länger bereit sind, an unserem eigenen Untergang zu arbeiten.

Die Frage der Überdüngung und das ungeklärte Humusproblem

Um ein Produkt richtig anwenden zu können, ist es notwendig, seine Eigenschaften und Eigenarten genau zu kennen. Die überaus positiven Eigenschaften von Wurmhumus erklären sich ursächlich aus den Huminstoffen, die im Darmtrakt des Erdwurms mit Tonmineralien vermengt werden.

Was ist Humus?

Im Wort „Wurmhumus" und in dem Begriff „Ton-Humus-Komplex" steckt das Wort Humus. Was hat es mit dem Begriff auf sich? Die Anwendung von Humus steht für naturnahen Pflanzenanbau, für ökologischen Gartenbau und die natürliche Regeneration des Bodens. Viele Wissenschaftler haben sich damit schon auseinandergesetzt, jeder auf seine Weise und so unterschiedlich fallen auch die Definitionen aus. Die unterschiedlichen Positionen resultieren aus der Kompliziertheit des Objektes und daraus, dass gegenwärtig bei Weitem nicht alle Rätsel dieses lebenserhaltenden Phänomens gelöst sind: Für die einen ist es ein Stoff, für die anderen ein System, ein Ordnungsprinzip.

Besonders neueste interdisziplinäre Forschungsergebnisse lassen aufhorchen und hoffen, dass die Übermacht der Chemie in der Humusforschung zurückgedrängt wird. Nach der gegenwärtig vorherrschenden Lehrmeinung ist Humus die Gesamtheit der abgestorbenen organischen Bodensubstanz und deren Zwischenprodukte, die auf verschiedene Art und Weise entstehen können:

durch - *chemische* oder
- *biotische* Reaktionen.

Die Humusbildung beim Kompostieren und Mulchen basiert auf der Erhöhung der biologischen Aktivität (also biotisch).

Ton-Humus-Komplexe sind Verbindungen, in denen Tonminerale, Huminstoffe und Zwischenprodukte der Humifizierung miteinander gekoppelt sind. Dazu kommt noch das Kalzium, das verhindert, dass der Boden versauert (Ton-Humus-Kalzium-Komplex) und sorgt dafür, dass ein milder Humus (Mull) entsteht. *Rücker* (1985) schreibt: „Die erwünschte innige Vermischung von Organischem und Mineralischem erfolgt nur im Verdauungstrakt des Wurms." Der organische Landbau misst dieser Verschmelzung, der Verbindung der organischen mit der mineralischen Welt, allerhöchste Bedeutung bei. Bei dieser innigen Vermischung, die nicht nur mechanischer, sondern auch chemischer und biologischer Natur ist, entsteht eine recht stabile Verbindung. Dieser Humus ist gegen „Angriffe" von Mikroorganismen weitgehend immun, sodass er wesentlich länger erhalten bleibt als freie Humuspartikel.

Es ist das eigentliche Geheimnis des Regenwurms, dass er nicht nur den Nährhumusanteil senkt, er sorgt auch dafür, dass der ohnehin schon schwerer abbaubare Dauerhumus im Ton-Humus-Komplex zusätzlich vor mikrobiellen Abbau geschützt wird. Das Ziel jeder Bodenbewirtschaftung und jedes Gärtners ist eine dauerhafte Bodenstruktur. Aus den ausgeschiedenen Kotballen und weiteren Bodenbestandteilen sowie Mikroorganismen bilden sich luft- und wasserspeichernde Krümel, die nicht verschlämmen und die hochgelobte Krümelstruktur des Bodens bedingen. Aus diesen Verbindungen entstehen Bodenkrümel, die Krümelgefüge entstehen lassen. Durch hohe biologische Aktivität des Bodenlebens kommt es zur sogenannten Lebendverbauung des Bodens (durch Bakterienschleim und Pilzhyphen), die schließlich in die Bodengare mündet. Sie ist eine Gemeinschaftsleistung des Edaphons und macht Naturkräfte frei, die für das natürliche Pflanzenwachstum von unschätzbarem Wert sind.

Gare Erde ist sowohl fest und stabil als auch porös und durchlässig Sie ist ein Wunder der Natur, das es in gerade in unserer Zeit zu erhalten gilt. Die Ton-Humus-Partikel stellen nach *Fellenberg* (1994) einen wichtigen Zwischenspeicher für Pflanzennährstoffe dar. Er schreibt: „Dabei wird ein Teil der mineralisierten Pflanzennährstoffe direkt an die Huminstoffe angelagert, ein anderer Teil wird von den sich reichlich vermehrenden Mikroorganismen aufgenommen und damit festgelegt. Nach Tod und Verwesung stehen sie dann den Pflanzen wieder zur Verfügung."

Nach der Theorie vom Kreislauf der lebenden Substanz (*Rusch* 2004) werden nach dem Tod als Aufgabe des bisherigen Organisationsprinzips

Lockerer gut durchwurzelter Boden nach Zwischenfruchtanbau.

die Lebensbestandteile der Zelle (Protoplasmen und Zellbestandteile) durch Symbiosevorgänge mit den Pflanzen (Wurzelhaare) an diese weitergereicht. Das macht die Pflanze frei von der ausschließlichen Aufnahme von wasserlöslichen Ionen (Mineralisation).
Rohrhofer (1983) interpretiert die Entstehung von Plasmagare beim organischen Abbauprozess so, dass durch die Auflösung der Zellstrukturen die dirigierenden Erbsubstanzen ihren Einfluss verlieren: „Es entsteht eine Primitivform lebenden Gewebes, eine Urform aus mineralischer, organischer und lebender Substanz ohne spezielle Anordnung, wie sie lebenden Organismen eigen ist. Das allein sollte man „Humus" nennen, soweit es sich dabei überhaupt um einen Stoff handelt, ein Stoff, von dem die Pflanze lebt."

Nähr- und Dauerhumus

Bei der Normalkompostierung fallen sowohl Nähr- als auch Dauerhumus an, da die organische Substanz bei der Kompostierung zum Teil minera-

lisiert und der schwer zersetzbare Rest humifiziert wird (refraktäre Substanz).
Die Anwendung großer Mengen von Nährhumus ist mit gewissen Risiken verbunden. Schon bei dessen Entstehung im Komposthaufen als auch bei dessen Verwendung kann es durch die schnellen Umsetzungen zu einem Überangebot von leichtlöslichen Nährstoffen kommen. Diese plötzliche Nährstofffülle kann von der Pflanze nicht immer aufgenommen und verwertet werden, sodass sie, ähnlich wie bei der chemischen Düngung, der Auswaschung unterliegen. Besonders mit Stickstoff überdüngte Pflanzen sind anfällig für Krankheiten, da die normale Ernährung der Pflanze (Schwammgewebe) gestört wird. Anders beim Dauerhumus, der besonders bei der Wurmkompostierung in großen Mengen anfällt. Die Nährstoffe liegen hier nicht wasserlöslich, sondern überwiegend organisch gebunden vor. Nur die Pflanze mit ihren Haarwurzeln ist in der Lage, sich die Nährstoffe zugänglich zu machen. Sie muss dazu regelrechte Aufschließungsarbeit leisten. Für einen fruchtbaren Boden ist besonders Dauerhumus anzustreben. Wie sich der hohe Dauerhumusanteil im Wurmkompost erklärt ist unter „Dem Geheimnis der Erdwürmer auf der Spur" auf S. 119 beschrieben.

Übersicht: Unterschiede bei der Humusbildung

Vermi-Kompostierung	Konventionelle Kompostierung
Wurmkompost	**Normalkompost**

0 % Humifizierung 100 %

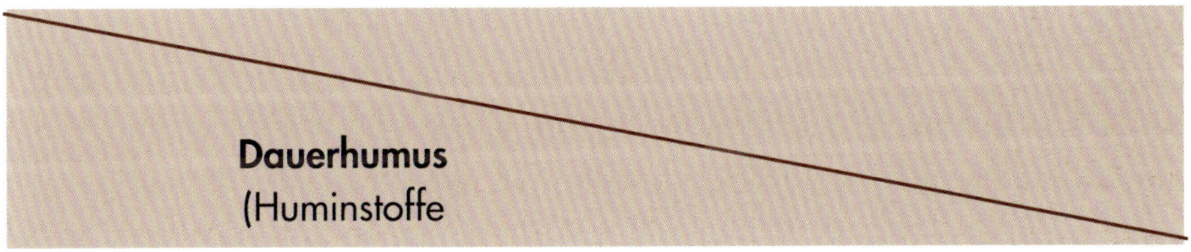

100 % Ton-Humus-Kalk-Komplex — Mineralisierung 0 %

Nährstoffe biologisch gebunden (langfristige Wirkung)	Nährstoffe wasserlöslich (kurzfristige Wirkung)

Dieses Schema spiegelt gut den Unterschied zwischen Wurmhumus und Normalkompost bezüglich der Nähr- und Dauerhumusbildung wider.
Wurmhumus ist bekannt für seine außerordentlich hohe Wasser- und Nährstoffkapazität. Dafür sind unter anderem die Ton- und Humusbestandteile verantwortlich. Sie bestehen aus mikroskopisch kleinen Bestandteilen. Gemischt mit kleinen Lufteinschlüssen besitzen die Ton-Humus-Komplexe aufgrund ihrer kolloidalen Eigenschaften (in feinster, mikroskopisch nicht mehr erkennbarer Verteilung in einer Flüssigkeit befindlich) eine sehr große innere Oberfläche, an der die verschiedenen physikalischen, chemischen und biologischen Vorgänge ablaufen.
„Krümelstruktur", wie sie bei Wurmhumus vorliegt, hat ebenfalls eine sehr große innere Oberfläche. Die vielen kleinen und größeren Zwischenräume können sich kapillar mit Wasser füllen und den Ton zum Quellen bringen. Das Hohlraumsystem der Erdwurmgänge erhöht seinerseits gleichfalls das Wasserhaltevermögen. Die Oberflächenspannung der mit Wasserfilmen ausgekleideten engen Hohlräume ist sehr hoch und verhindert, das Wasser in tiefere Schichten versickert. Ähnlich wie Torf ist Wurmhumus in der Lage, das Mehrfache seines Gewichtes an Wasser aufzunehmen und festzuhalten.
Die Frage der Überdüngung bei der Wurmhumusanwendung und die Begrenztheit der chemischen Bodenuntersuchungen
Ich möchte hier die Frage der Überdüngung bei der Wurmhumusanwendung nochmals aufgreifen. Dazu soll eine chemische Bodenanalyse von zwei Bodenproben beitragen, die ich für diesen Zweck von meiner Gartenerde und meinem Wurmhumus anfertigen ließ.
Bei anfänglichen Düngungsversuchen mit Wurmhumus schloss man die Möglichkeit der Überdüngung so gut wie aus. So heißt es in diversen Veröffentlichungen: „Der Wurmhumus kann in jeder Menge verabreicht werden, ohne Schaden für die Pflanze zu verursachen."
Später angestellte Versuche beantworten die Frage mit einem klaren „Jein".
Im Gegensatz dazu gelangten Untersuchungen an der Fachhochschule Weihenstephan (Gartenbau) zu dem Ergebnis, dass mit der Anwendung von Kompost eine Überdüngung möglich ist. Es wurde nicht zwischen Wurmkompost und konventionellen Kompost unterschieden. Diese Unter-

scheidung ist aufgrund der von mir aufgedeckten Fakten unbedingt erforderlich.
Um die Frage der Überdüngung rechtzeitig in den Griff zu bekommen, wurden von der Fachhochschule Weihenstephan Richtwerte für die Kompostanwendung für verschiedene Kulturen erarbeitet. Diesen Bestrebungen liegt die Befürchtung zugrunde, der Gehalt von Salzen und Säuren könnte im Boden soweit ansteigen, dass besonders an empfindlichen Pflanzen plasmolytische Erscheinungen auftreten und somit die Pflanzen schädigen. Dabei kommt es zur Zerstörung der Pflanzenzelle durch Wasserentzug. Dieser Frage bin ich bereits im Kapitel IX nachgegangen. Mein dortiger Versuch mit Balkonpflanzen sollte demonstrieren, dass die Verhältnisse bei der Wurmhumusanwendung anders liegen.
Über die Nährstoffgehalte im Wurmhumus wird in der Fachliteratur berichtet, dass pflanzenverfügbarer Stickstoff fünf- bis siebenmal so viel enthalten ist, wie im normalen Gartenboden. Bei löslichem Phosphat wurde die sechsfache Menge, beim Kaligehalt die elffache Menge und bei austauschbarem Magnesium das Doppelte gefunden.
Meine bei einem Fachlabor für Mikrobiologie eingeschickten beiden Proben ergaben folgende Werte:

Kennzahl	**Maßeinheit**	**Wurmhumus** (Probe 1)	**Gartenerde** (Probe 2)
pH-Wert		6,9	6,7
Stickstoff ges.	kg/ha	1921,0	264,0
davon NO_3-N	kg/ha	1912,0	254,0
Phosphor (P)	mg/100 g	109,0	44,2
Kalium	mg/100 g	367,0	42,9
Organische Substanz (Humus)	% TS (Trockensubstanz)	22,8	9,3
Salzgehalt	mg/100 g	818,0	88,7

Der *pH-Wert,* der Auskunft über den Säurezustand des Bodens gibt, liegt für beide Proben in einem Bereich (neutral), der für den Anbau der meisten Gemüsepflanzen auf einem schweren Schwemmlandboden als optimal anzusehen ist.

Der *Stickstoffgehalt,* der fast ausschließlich als Nitratstickstoff ausgewiesen wird, liegt bei der Wurmhumusprobe sehr hoch. Der Stickstoffgehalt ist in engem Zusammenhang mit dem Gehalt an organischer Substanz (Humus) zu sehen, denn Humusbildung und Stickstoffhaushalt sind eng miteinander verstrickt.

Aufgrund des sehr hohen Humusgehalts, sowohl im Wurmhumus als auch in der Gartenerde, sind Auswaschung oder Emissionsverluste nicht zu befürchten. Allgemein rechnet man bei einer guten Gartenerde mit Humusgehalten von drei bis fünf Prozent.

Den hohen Humusgehalt meiner Gartenerde habe ich der Wurmkompostierung zu verdanken. Er ist mit rund zehn Prozent außerordentlich hoch und eine gute Grundlage für den ökologischen Anbau von gesundem Obst und Gemüse. Beim Anbau von Kopfsalat ist dies von großer Bedeutung, da dieser zu den Gemüsearten zählt, die Nitrat aus organischer und mineralischer Düngung in ihrem Blattwerk stark anreichern und so zu einer Gefahr für die Ernährung werden. Nitrate können zu krebsauslösenden Nitrosaminen umgewandelt werden. Bei der Anwendung von ausgereiftem Wurmkompost kann ich auf einen empfohlenen Nitrattest verzichten. Mit Wurmhumus bin ich immer auf der sicheren Seite.

Der ausgewiesene Nitratstickstoff entspricht nicht den realen Bedingungen im Boden. Bei Wurmhumus liegt nur ein Drittel der ausgewiesenen Menge als Nitratstickstoff vor, der weitaus größere Teil des Stickstoffs ist im Mikrobeneiweiß organisch gebunden.

Das Bodenlabor hat in seinem Prüfbericht mir folgende Einschätzung mit auf den Weg gegeben: „Die untersuchte Gartenerde ist sehr gut mit den Nährstoffen Phosphor (P), Kalium (K) und Magnesium (Mg) versorgt. Der Anteil an organischer Substanz ist, verglichen mit den durchschnittlichen Gehalten in landwirtschaftlich genutzten Böden, relativ hoch. Für Ackerflächen wird ein Salzgehalt von bis zu 100 Milligramm/100 Gramm Boden als unbedenklich angesehen. Die Untersuchungsergebnisse des Wurmhumus sind charakteristisch für die Nährstoffgehalte, die organische Substanz und den Salzgehalt in einem durchschnittlichen Kompost dieses Typs."

Ich muss es einmal aussprechen: Obwohl der Salzgehalt von Probe eins (Wurmkompost) den Grenzwert um das Achtfache übertrifft, konnten diesbezüglich keine nachteiligen Auswirkungen festgestellt werden und untermauern damit zahlreiche andere durchgeführte Untersuchungen.

Es ist das einzigartige Verdienst der Erdwürmer: Alles was sie fressen, einschließlich aufgenommener Salze und Säuren, die den Verdauungstrakt des Erdwurms passieren, wird stark neutralisiert (Kalkdrüsen).

Mineralien und Chemikalien, die in der Erde enthalten sind, werden aufgespaltet, sodass die Nährstoffe von den Pflanzen leichter assimiliert werden können. Damit ist die Gefahr einer zu hohen Salzkonzentration für die Pflanze gebannt.

Phosphor und Kalium werden einerseits durch die Verwitterung von Gesteinsschutt nachgeliefert und zum anderen durch Nähr- und Dauerhumus bereitgestellt.

Es ist die Überdüngung mit synthetisch hergestellten Düngemitteln und deren Auswaschung bzw. deren Anreicherung in Flüssen und Seen, die Reaktionen auslöst, die zur völligen Veralgung, Sauerstoffarmut und Fischsterben führen können. Diese Befürchtung besteht bei Wurmhumusanwendung aufgrund seiner schon erwähnten Eigenschaften nicht.

Stickstoff ist ein Lebenselixier für die Pflanze und wird bei der Jagd nach Maximalerträgen als das (Treib)-Mittel angesehen. Dass sich selbst der Bioanbau ökonomischen Zwängen nicht entziehen kann, erklärt meines Erachtens die Forderung nach mehr Stickstoff bei der Anwendung von Wurmhumus. Letztlich entscheiden die örtlichen Bedingungen und die Anforderungen der Pflanzenkultur, ob und wie viel zusätzlicher organischer Stickstoffdünger (z.B. Hornspäne) anzuwenden ist.

Allgemein anerkannt ist die Tatsache, dass Humus unmittelbar mit dem Leben verbunden ist. Wenn Humus Leben bedeutet, ist es überaus logisch und gerechtfertigt, auch die dem Leben eigenen Gesetzmäßigkeiten anzuwenden. Immer mehr wissenschaftliche Arbeiten beschäftigen sich mit der Wirkung lebender mikrobieller Biomasse auf die Humusbildung, deren Bedeutung größte Aufmerksamkeit verdient.

Humus als Ordnungsprinzip

Der Humus wird im organisch-biologischen Landbau als ein System, als ein Ordnungsprinzip verstanden, in das nach Möglichkeit niemand von außen eingreifen sollte, weil es sonst gestört und zerstört wird. Durch diese alternative Theorie lässt sich die überaus hohe Artenvielfalt und Menge von Mikroorganismen sowohl im Kuhdung als auch im Regenwurmkot einleuchtend und verständlich erklären. Danach spielen sich im Wiederkäuermagen Vorgänge ab, die man bisher für unmöglich hielt. Untersuchungen zufolge wird die Pansen-Bakterienflora dauernd durch die Umwandlung von pflanzlichen Zellbestandteilen erneuert und somit die biochemische Tätigkeit der verzehrten Pflanzen fortgesetzt. Das geschieht nach *Schanderl* (1947) auch im Boden. Er schreibt: „[....] Wenn Pflanzenteile oder ganze Pflanzen in den Boden eingegraben oder kompostiert werden, geht wohl das Leben der betreffenden Pflanzen oder Pflanzenorgane zugrunde, aber nicht das Leben als solches."

Diese für die meisten völlig neue Erkenntnis erklärt er (1970) folgendermaßen: „Der Boden wird von den Pflanzenleichen aus mit Bakterien angereichert. Der „Pflanzentod" gebiert milliardenfach neues Leben, nicht allein deswegen, weil vorhandene Bodenbakterien neue Nahrung für ihre Vermehrung erhalten, sondern weil auch ehemalige Organe der 'gestorbenen Pflanzen' ihr Leben in Bakteriengestalt fortsetzen."

Die US-amerikanische Evolutionsbiologin *Lynn Margulis* formulierte einmal so: **Neues Leben entsteht durch Umgestaltung der Zellbestandteile in erdgeschichtlich ältere Lebensformen – Bakterien** (*Margulis* 1999). Welche Vorgänge im Darm der Erdwürmer ablaufen, kann nur vermutet werden. Es hat etwas mit der Entstehung des Lebens an sich zu tun, ähnlich der Erkenntnis, dass die Embryonalentwicklung eine verkürzte Stammesgeschichte bedeutet. Es ist ein Kreislauf von fressen und gefressen werden. Dass verschiedene Mikroben beim Rotteprozess im Komposthaufen einander ablösen, in dem sie sich oder ihre Stoffwechselprodukte fressen, ist nicht neu. Bei Tier und Mensch werden mithilfe der Darmschleimhaut durch Vermittlung der Darmflora auch organische Stoffe verschiedener Art aufgenommen.

Die feinen Haarwurzeln der Pflanzen verfügen ebenfalls über eine Schleimhaut (die sogenannte Wurzelschleimhaut), deren Mikrobenzahl um das Mehrfache gegenüber der angrenzenden Erde erhöht ist. Warum wohl? Weil hier nicht nur Ionen die Seite wechseln, wir sehen es mit bloßem Auge nur nicht. Dazu schreibt *Pommeresche* (2004): „Auch sie [die Pflanzen] verzehren das Bodenleben lebend, indem sie es lebend durch die Zellwand ihrer Haarwurzeln, über die Wurzelschleimhaut und den in ihr lebenden symbiotischen Mikroben ins Zellinnere transportieren und dort lebend für den Aufbau der Pflanze verarbeiten. Genauso wie in unserem Darm. Die Wurzel arbeitet wie ein umgestülpter Darm. Und sogar das Sterben der Organismen setzt zahllose lebendige „Kleinteile" frei zur Zirkulation in der Humussphäre, um das wunderbare und fortgesetzt rätselhafte Leben lebendig von Wesen zu Wesen weiter zu geben."

Rohrhofer (1983) bekräftigt in seinem Buch: „Der einzige ´Organismus´, der allem Lebendigen gemeinsam ist, ist die sogenannte Bakterienflora – eine Lebensgemeinschaft physiologischer Bakterienarten. Einen Organismus ohne Bakterienflora gibt es nicht."

Sogar der Erfinder der Mineralstofftheorie, *Justus von Liebig,* hat sich in seinem späteren Leben nach einer Studienreise zum asiatischen Reisanbau dahingehend geäußert, dass es da noch etwas anderes geben muss, was von der Chemie nicht zu fassen ist.

Was bei der tierischen und menschlichen Darmtätigkeit längst anerkannt ist, wird zur Zeit der Pflanze von offizieller Seite noch abgesprochen. Und das nicht ohne Grund, würde doch die gesamte „Mineralstofftheorie" von Liebig dadurch infrage gestellt. In diesem Fall scheint es die von der Wissenschaft geforderte Offenheit und Unvoreingenommenheit Unbekanntem gegenüber, das Streben nach unverfälschter wissenschaftlicher Erkenntnis sowie die Achtung vor den Leistungen der Wissenschaftler untereinander nicht zu geben. Es steht zu viel auf dem Spiel!?

Die Beschäftigung mit Erdwürmern und die Gewinnung von Wurmhumus haben mich auf den Weg zum Biogärtner gebracht. Die richtige Anwendung und Abgrenzung von der konventionellen Landbaumethode bedingt auch eine Revolution im Denken, erfordert ein neues Denken. Das heißt, die Pflanzenwurzel ist in der Lage, z.B. auch hochmolekulare Stoffe aufzunehmen, wie Aminosäuren oder sogar ganze Mikroorganismenkörper, sodass es im Boden nicht notwendig ist, Eiweiße bis zu Aminosäuren oder Nitrat abzubauen, um damit Pflanzen zu ernähren. Die Stoffe bleiben im natürlichen System grundsätzlich organisch gebunden, eine wichtige Grundlage für den ökologischen Anbau. *Vogtmann* (1991) begründet dies mit dem Weg des geringsten Energieverlustes bei biologischen Stoffumsetzungen. Dies würde eine Stickstoffüberdüngung durch Wurmhumusanwendung ausschließen.

Die Humusbildung ist eng mit dem Stickstoffhaushalt des Bodens verbunden. Ohne Stickstoff gibt es keine Rotte. Die Bodenmikroorganismen brauchen ihn, um ihr Körpereiweiß aufzubauen. Auf diese Weise wird z.B. der gesundheitsgefährdeten Nitratüberdüngung im Gemüseanbau (wie z.B. Kopfsalat) rechtzeitig vorgebeugt. Ich gehe in meinen Schlussfolgerungen nicht zu weit, wenn ich sage, eine Überdüngung im klassischen Sinne braucht bei der Anwendung von Wurmhumus nicht befürchtet zu werden, da die Nährstoffe erst mobilisiert werden müssen und nicht wasserlöslich vorliegen. Das bestätigt einmal mehr die Weisheit, dass in einem ökologisch bewirtschafteten Garten zu keiner Zeit eine Gefahr der Überdüngung der Pflanze besteht.

Bei einem hohen Humusgehalt ist es der Pflanze möglich, aus dem dargebotenen vielfältigen Menü auszuwählen. So sieht wahrhaft gesunde Ernährung der Pflanze aus, die sich bis zum Tier als auch Menschen fortsetzt. Beim biologischen Anbau befinden sich Boden und Pflanze im biologischen Gleichgewicht, welches Überdosierungen von Anfang an ausschließt.

An dieser Stelle möchte ich noch einmal auf den Begründer der Agrarwissenschaften *Albrecht Daniel Thaer* (1752-1828) – in mehreren deutschen Städten auf seinem Sockel stehend – zurückkommen, der schon damals in seiner Humustheorie davon ausging, dass sich die Pflanze direkt von Humus ernähre. So falsch lag er damit nicht.

Ein Beitrag zur Humusdiskussion

In der folgenden Diskussion geht es mir darum, unterschiedlichen einseitigen Deutungen der Humusinterpretation entgegenzuwirken. Diese Unterschiede treten besonders beim Abbau der organischen Substanz und in der Art und Weise der Pflanzenernährung zutage. Für Vertreter des organisch-biologischen Landbaus ernährt sich die Pflanze mit Hilfe von Symbiosevorgängen ausschließlich von lebender organischer Substanz.

Für die etablierte industrielle Landwirtschaft als Hauptrichtung der gegenwärtigen Anschauung ist die „Mineralstofftheorie" von *Liebig* bindend. Danach wird jegliche organische Substanz am Ende durch Verrottung bzw. Humifizierung mineralisiert, sodass sich die Pflanzen ausschließlich mineralisch ernähren, also chemisch. Die chemische Betrachtungsweise haben sich indessen auch Vertreter der Humuswirtschaft zu eigen gemacht.

Wer wissen möchte, „was die Welt im Innersten zusammenhält", der muss den Mikrokosmos erforschen. Die grundlegenden Bausteine aller Materie, die Atome, geben Einblicke in den Makrokosmos, das Weltall. Wer den Geheimnissen des Lebens auf der Spur ist und weiterer Erkenntnisse über höheres Leben ergründen möchte, für den macht es Sinn, mikroskopisch kleinstes primitives Leben zu untersuchen, die Mikroorganismen. Daraus können Schlussfolgerungen auf die Organisation und Beschaffenheit des Lebens in seiner Gesamtheit gezogen werden.

Diesen lobenswerten Versuch haben die Anhänger der Theorie vom **Kreislauf der lebenden Substanzen** gegen den massiven Widerstand der etablierten Agrarwirtschaft und industriellen Landwirtschaft unternommen, um gewisse Lücken zu schließen. Es ist normal, dass dabei gewisse Widersprüche zu einzelnen bisher anerkannten naturwissenschaftlichen Erkenntnissen auftreten können, auf die es mir hier ankommt.

Die Abläufe im Boden, die Bodenfruchtbarkeit sowie die Ernährung der Pflanze sind sowohl biologischer, physikalischer und chemischer Natur, die ineinandergreifen, die aufs Engste miteinander verbunden sind. Diese komplexen Vorgänge sind vielfältig und anpassungsfähig.

Ich vertrete die Meinung, dass die Pflanze sowohl chemische (von „Mineralstoffen") als auch organische Stoffe gleichzeitig entsprechend den jeweiligen Bedingungen aufnehmen kann, was zu beweisen wäre.

Humus – ein Stoff oder ein System?

Schon die Entstehung des Bodens belegt die Ansicht: Verwitterung von Steinen durch chemische und biologische Vorgänge und das Freiwerden von Mineralstoffen auf der einen Seite sowie die Ablagerung von Pflanzen- und Tierresten und deren Zersetzung durch das Edaphon auf der anderen Seite. Alles stark vereinfacht.

Viele Mikroorganismen beziehen ihre Energie aus chemischen Prozessen oder dem Sonnenlicht. Auf der biologischen Seite entwickelt sich der Zyklus vom Fressen und Gefressenwerden im kleinen wie im großen Maßstab.

Anfallende organische Stoffe werden abhängig von den äußeren Bedingungen (aerob oder anaerob) und dem Widerstand der organischen Stoffe gegen Abbau unterschiedlich schnell ab- und umgebaut. Bei diesen Vorgängen spielen sowohl chemische als auch biologische Prozesse eine wichtige Rolle.

Die biologischen Prozesse sorgen für den Kreislauf der lebenden Substanz, zum einen durch Fressen und Gefressenwerden oder durch Symbiosevorgänge vermittelte Aufnahme von lebender Substanz (z.B. Bakterien, Zellprotoplasma mit Zellbestandteilen) in der Wurzelschleimhaut der Pflanze.

Bei diesen miteinander verschlungenen Prozessen entstehen sowohl Nährhumus, der schnell mineralisiert wird, als auch Huminstoffe (Dauerhumus), die eher dauerhafter Natur sind und die Eigenschaften des Bodens dauerhaft positiv beeinflussen. Perfektioniert wird die Dauerhumusbildung durch die Vermischung der Huminstoffe (organische Komponente) mit mineralischen Stoffen (z.B. Ton) zu stabilen Ton-Humus-Komplexen beim Verdauungsvorgang im Darm der Erdwürmer. Die Bildung des für die Bodenfruchtbarkeit bedeutsamen Komplexes, der ohne Zweifel existiert und nachweisbar ist, wird begleitet von einem intensiven

Mikrobenleben, das unter anderem aus der lebenden Substanz vergehenden Lebens gespeist wird (Remutation[2]).
Bei dieser Form der Dauerhumusbildung wird der Humus seinem Anspruch als Ordnungsprinzip bzw. als ein System gerecht. Das schließt nicht aus, dass es sich beim Humus chemisch gesehen um einen Stoff handelt, der chemisch analysiert und in Humine und Huminsäuren zerlegt werden kann. Ich möchte in diesem Zusammenhang anregen, vom Doppelcharakter, von der Doppelnatur des Humus zu sprechen, so wie man auch vom Doppelcharakter des Lichtes spricht. Es ist sowohl Materie als auch Welle in einem.
Der Gedanke der Dualität des Humus wurde meines Erachtens bereits von *Annie Francé-Harrar* (1957) in ihrem Buch „Humus – Bodenleben und Fruchtbarkeit" aufgegriffen, in dem sie schreibt: „Humus ist nach alledem nicht nur eine physikalisch-chemische Angelegenheit, bei der Tone, Humussäuren, Humuskomplexe, Reste von organischem Verwesungsmaterial die einzige Rolle spielen, sondern die größte Bedeutung kommt dem Anteil an Bodenorganismen und deren aktiver Arbeit zu."
In den bisherigen Erklärungsmodellen des Menschen über die Vorgänge im Boden, der Humusbildung und -verwertung, der Lebensvorgänge des unendlich vielfältigen Edaphons sowie die darauf fußende Ernährung der grünen Pflanze wird einmal die eine Seite (Mineralstofftheorie) und einmal die andere Seite (Humustheorie, Kreislauf der lebendigen Substanz) einzeln betrachtet und überbetont.
Ich bin der Auffassung, die eine Seite kommt ohne die andere nicht aus. Es liegt in der Natur der Sache, dass beide Seiten in vielfältiger wunderbarer Weise miteinander verbunden sind (z.B. Ton-Humus-Komplex). Hier kann ich mich auch auf einen der Begründer des organisch-biologischen Landbaus *Hans Peter Rusch* (2004) beziehen.
Aus meiner Sicht haben beide Theorien für die Erklärung der parallel und gleichzeitig im Boden ablaufenden Vorgänge der Humusentstehung und -Anreicherung (Nähr- und Dauerhumus) sowie für die Symbiosevorgänge bestimmter Mikroorganismen in der Wurzelschleimhaut des Feinwurzelsystems der Pflanze ihre Berechtigung.
Danach ist der Boden der Darm der Pflanze und die Wurzelhaare sind die umgestülpten Darmzotten.

Alles ist möglich

Die Ernährung der Pflanze ist vielfältig und anpassungsfähig, von der Aufnahme einfacher anorganischer Ionen bis zu größeren organischen Molekülen und lebenden Bakterien. Alles ist möglich! Entsprechend den vorliegenden Bedingungen wird das vielfältige und breite Nahrungsmenü von der Pflanze wahrgenommen und aktiv genutzt. Auf diese Weise kann sich die Pflanze abwechselnd oder auch gleichzeitig mineralisch und organisch ernähren. Die Nahrungsaufnahme über die biologische Schiene hat eine Reihe von Vorteilen für Boden und Pflanze, nämlich eine ausgeglichene Rundumernährung, die die Pflanze selbst beeinflussen kann, außerdem ist sie absolut ökologisch.
Bei allem Respekt vor dem Kreislauf der lebenden Substanz und der Anerkennung der Vorgänge der Endozytose[3] und Remutation habe ich die Mineralisation und die Aufnahme von Mineralien durch die Pflanze nicht abgeschrieben. Mineralien werden auch gegenwärtig durch die fortlaufende Verwitterung von Gesteinen frei und bilden eine nicht unwesentliche Nährstoffquelle für die Pflanzen. Außerdem lassen sich einige agronomische Erscheinungen mit der Mineralisation von organischen Stoffen gut erklären und effektiv nutzen. Ich denke hier nur an die Flächenkompostierung, die viel unreifen Kompost, also Nährhumus produziert, der z.B. durch den Anbau von Winterzwischenfrüchten erneut gebunden werden sollte, damit die durch ihn freigesetzten Mineralsalze nicht durch die Winterniederschläge ausgewaschen werden. Diese Auswaschungen können nicht nur im Grund- und Trinkwasser nachgewiesen werden.
Ich frage mich: Ist es notwendig, die Mineralisation zu verdammen oder spielt sie nach wie vor eine Rolle, wenn auch keine übergeordnete? Was ist mit dem Vorwurf der sogenannten Zwangsernährung der Pflanze durch die Düngung mit chemischem Kunstdünger, der mit dem Wasserstrom von der Pflanze aufgenommen wird und infolge Überdüngung die Krankheitsanfälligkeit der Pflanze erhöht? Bei unsachgemäßer organischer Düngung kann das auch passieren. Tun sich da vielleicht Parallelen zur Mineralisierung und Anwendung von Kunstdünger auf?
Die Auswaschungsproblematik könnte ich damit fortführen, dass unter bestimmten Bedingungen Humussäuren aus der Ackerkrume ausgewa-

schen und an der Pflugsole als Ortstein wieder ausgefällt werden. Auch die biologische Seite kann nicht alle Erscheinungen der Bodenbildung und Pflanzenernährung in der heutigen Form zufriedenstellend erklären.
Für mich stellt sich eine weitere Frage nach der Erklärung der Alterung der Böden, der Entwicklung der Bodentypen. Wie soll das funktionieren, wenn alle chemischen Veränderungen ausgeschlossen werden?
Zur Untermauerung meiner Ansicht möchte ich *Hennig* (2011) zitieren. Er schreibt auf Seite 46: „Die Forschungen zeigen, dass die Pflanzen über die Wurzeln gemeinsam mit den Mineral-Ionen auch organische Stoffe, z.B. Alkaloide und Antibiotika, bis zu einem Molekulargewicht von etwa 1000 ohne Schwierigkeit aufnehmen können."
Für mich gibt es kein entweder – oder. Damit werden nicht nur Auffassungen unterschiedlicher ökologischer Richtungen zusammengeführt, sondern auch unproduktive Streitereien beigelegt.
Die immer beliebter werdende Blattdüngung auf osmotischer Grundlage erfreut sich in der Agropraxis zunehmender Beliebtheit, weil sie wirksam ist. Sie spricht für die Ernährungsvielfalt der Pflanze.
Man könnte schlussfolgern, solange Mineralisation und Remutation sich im ökologischen Gleichgewicht befinden, verläuft die Ernährung der Pflanze optimal, überwiegen jedoch die wasserlöslichen Nährsalzlösungen, ausgelöst durch schnell wirksamen Kunstdünger oder übermäßige Nährhumusdüngung, können die Erträge im besten Fall maximal gesteigert werden mit den bekannten negativen Auswirkungen auf die Qualität der Erzeugnisse, die Pflanzengesundheit und die bekannten Folgen für Umwelt (Auswaschung, Erosion, Bodenzerstörung) und Klima (Emissionen). Die Erträge werden durch ein nicht nachhaltiges Wirtschaften regelrecht erkauft.

Dem Geheimnis der Erdwürmer auf der Spur

Über die Regen- oder Erdwürmer (Kompost- oder Humuswürmer) mache ich mir keine Sorgen. Auf sie kann sich der Ökogärtner verlassen.
Ich habe meinen Erdwürmern „beigebracht", organische und mineralische Bestandteile innig zu vermischen und so gemeinsam mit den reich-

lich im Wurmdarm vorhandenen kleinen Helfern in einen dauerhaften, schwer abbaubaren Ton-Humus-Kalk-Komplex zu verwandeln, der für eine lang anhaltende Bodenfruchtbarkeit von unschätzbarem Wert ist. Dieser Komplex ist auch ziemlich gut erforscht und liefert plausible Erklärungen. Wenn man so will, werden hier die Agrochemie und die Bodenbiologie zusammengeführt. Die Natur macht es uns vor. Jetzt muss dieses Paradoxon nur noch in unserem Denken und Köpfen durch eine gemeinsame Anstrengung der verschiedensten Wissensbereiche zusammengeführt werden.

Die wohl wichtigste Nahrungsquelle für Kompostwürmer stellen Mikroorganismen, insbesondere Pilze dar, die sich reichlich auf angerottetem Material befinden (*Valentin* 1912).

Mikroorganismen können nicht nur lebend den Verdauungsprozess passieren, sondern es werden, wie es im Panseninhalt von Kühen nachweisbar der Fall ist (*Schanderl* 1947), zusätzlich durch die Verwesung vergehenden Lebens (organische Substanz) neue niedrige Lebewesen (Bakterien) gebildet, sodass eine neue Vielfalt von Mikroorganismen entsteht.

Der hohe Dauerhumusanteil im Wurmhumus lässt sich damit erklären, dass im Wurmdarm ein Teil der aufgenommenen organischen Substanz, und zwar die leicht abbaubaren Verbindungen, mithilfe der Darmflora für den eigenen Energie- und Aufbaustoffwechsel des Wurms resorbiert werden und somit der Nährhumusbildung nicht mehr zur Verfügung stehen.

Der Erdwurm kann nach Angaben von *Cerutti* (2003), der Nahrung nur fünf bis fünfzehn Prozent der Nährstoffe entziehen; der Großteil verbleibt im Kot. Was übrig bleibt, sind letztlich schwer abbaubare organische Stoffe, die sogenannten Huminstoffe, der „eigentliche Humus". Im Gegensatz zu Nährhumus, der der unmittelbaren Ernährung der Pflanzen dient, wirkt Dauerhumus langfristig auf Eigenschaften des Bodens. Gleichzeitig dient er als Reservoir von Stoffen, als eine langsam fließende Nährstoffquelle, die jährlich um ein bis drei Prozent abgebaut wird (*Fellenberg* 1994). Entstehende Humussäuren werden mit Kalzium zu Kalziumhumaten gebunden.

Deshalb auch die Bezeichnung Ton-Humus-Kalzium-Komplex. Das Kalzium verhindert, dass der Boden versauert, und sorgt dafür, dass ein milder Humus (Mull) entsteht. Es bindet nicht nur Huminsäuren zu Kalziumhumat und sorgt für die Stabilität der Krümel, sondern beugt zugleich einer durch den Abbau von Humus bedingten Bodenversauerung vor. Es sei hier an die Kalkdrüsen der Erdwürmer erinnert. So erklärt sich das Geheimnis der Erdwürmer als Humus- und Erdebildner.

Auch die Einbeziehung der wissenschaftlichen Erkenntnisse von *Schanderl* (1970) und *Margulis* (1999) auf diesem Gebiet (Endozytose und Remutation) sprechen nicht gegen die zentrale Rolle der Wurmtätigkeit, im Gegenteil. Die Erdwürmer und deren Tätigkeit stehen für mich nach wie vor im Mittelpunkt der Humusbildung und sind Dreh- und Angelpunkt der Bodenfruchtbarkeit.

Die engen Zusammenhänge zwischen der Anreicherung von Humus und Mikroorganismenvielfalt sind in der wissenschaftlichen Literatur der letzten Jahre nicht neu (*Kindler* 2007).

In der Literatur wird immer wieder betont, dass die Mikrobenpopulationen vom Ausgangsmaterial maßgeblich bestimmt werden. Ausgangsmaterial und Bedingungen sind unterschiedlich, sodass es zu einer Spezialisierung der Mikroben kommt; die einen bauen leicht abbaubare organische Substanz schnell bis zur Mineralisierung ab, die anderen bauen schwer abbaubare organische Substanz langsam ab und treiben im Prozess der Stabilisierung der organischen Substanz die Huminstoffbildung voran (Dauerhumus) mit allen biologischen Konsequenzen der symbiotischen Nahrungsaufnahme durch die Pflanze. In dem Maße, wie die Pflanze direkt organische Stoffe aufnimmt oder sich sogar niedrig lebende Organismen einverleibt, wird die sogenannte Mineralisierung zu wasserlöslichen Salzionen bei der Ernährung der Pflanze zurückdrängt.

Trotz der immer noch begrenzten Erkenntnisse nimmt die Bedeutung der Mikroben für alle Lebensbereiche, für Pflanze, Tier und Mensch weiter zu. Ihre unendliche Mannigfaltigkeit führt dazu, dass die Ergebnisse ihrer Tätigkeit ebenfalls unterschiedlich sein können:

Es reicht von der Mineralisierung bis zur Humifizierung der organischen Substanz, von der Remutation bis zur Endozytose der Pflanze. Wer sich diese verschiedenen Möglichkeiten nicht offen hält, manövriert sich selbst in eine Sackgasse. Das Leben ist äußerst vielfältig und das sollte in Theorie und Praxis Anerkennung finden. Wenn das Leben in seiner Komplexität besteht, dann trifft das auch auf den Humus zu (siehe *Francé-Harrar* [1958], S. 20 und 24).

In der Humusforschung wurde schon in viele Richtungen gedacht und gearbeitet. Für mich macht es einen Unterschied, ob biologische Vorgänge im Pansen eines Rindviehs bzw. Darm eines Erdwurms oder im Boden selbst ablaufen. Mikroorganismen ist es gleich, ob Mineralisation oder Remutation ablaufen, sie lassen sich vom Energiestrom, von ihrem eigenen Eiweiß- und Kohlehydratstoffwechsel leiten. Wenn man die Erkenntnisse von *Schanderl* (1970) wissenschaftlichen Untersuchungen im Pansen von Kühen auf die Darmpassage bei Erdwürmern einer gewagten Verallgemeinerung unterzieht, so ist es vielleicht gerade die Vermutung der Remutation im Darm des Erdwurms, den dieser in einzigartiger Weise zu nutzen versteht, welches die Einmaligkeit der Erdwürmer als Erzeuger fruchtbarer Erde erklären würde.

Ich glaube, die Ablehnung der „neuen" Erkenntnisse, Remutation und Endozytose, in die Agrarwissenschaft aufzunehmen, resultiert unter anderem daraus, dass viele Erscheinungen in der landwirtschaftlichen Praxis ohne den Prozess der Mineralisation nicht zu erklären sind.

Beispiel Kopfsalat: Er zählt zu den Gemüsearten, die das Nitrat sowohl aus organischer als auch anorganischer Düngung in ihren Blättern so stark anreichern können, dass es zu einer Gefahr für die menschliche Gesundheit werden kann, weil dieses im menschlichen Körper zu krebsauslösenden Nitrosaminen umgewandelt wird. Ein Nitrattest im Boden kann mögliche Gefahren rechtzeitig aufdecken. Die Belege für eine Mineralisation sind für mich zu offensichtlich, als dass ich sie negieren könnte.

Nach meiner Meinung geht es nicht darum, die Mineralisation als solche, als Vorgang, zu widerlegen, sondern es geht vorrangig darum, die einseitige Ausrichtung der industriellen Agrowirtschaft auf der Basis der „Mineralstofftheorie" von *Liebig* zu brechen. Ich unterscheide zwischen Mineralisation als natürlichen Vorgang und der „Mineralstofftheorie" als Ideologie der herrschenden Agrikulturchemie. Es kommt – wie so oft im Leben – auf den Menschen an, wie er sein Wissen und seine Erkenntnisse gebraucht, im Guten wie im Schlechten.

Der Doppelcharakter des Humus als Arbeitshypothese

Um dem Wirrwarr der unterschiedlichen Ansichten ein Ende zu setzen, wäre es sinnvoll vom *Doppelcharakter des Humus* zu sprechen, auch wenn es vorläufig den Eindruck einer Gedankenkonstruktion als von streng wissenschaftlichen Erkenntnissen hinterlässt. Man spricht nicht umsonst vom ungelösten Humusproblem. Die chemische Forschung scheint sich festgefahren zu haben, kann dieses komplexe System nicht endgültig lösen. Die biologische Forschung konnte sich nicht durchsetzen und wurde von der herrschenden „Mineralstofftheorie" von *Liebig* nicht anerkannt. Das Humusproblem ist zu komplex und zu schwierig, als dass es sich allein chemisch als auch nur rein biologisch erklären ließe. Die Herrschaft der Chemie erklärt sich auch maßgeblich damit, dass sie besser in das Wirtschaftssystem der Intensivierung einer ständig sich weiterentwickelten Agrarindustrie passt als eine naturverbundene Humuswirtschaft einer sich ökologisch und nachhaltig entwickelnden, lokal strukturierten Landwirtschaft von Klein- und Mittelbauern. Zwischen beiden Auffassungen bestehen also nicht nur naturwissenschaftliche Diskrepanzen, sondern auch gesellschaftliche Hürden.

Das bedeutet nicht, dass ökologischer Anbau nur auf Kleinflächen ohne moderne Technik zu realisieren sei. Bereits heute wird diese Illusion von der Praxis widerlegt. Dieser Streit spaltet und hemmt zugleich den Ökoanbau, eine gemeinsame theoretische Grundlage zu finden, eine Arbeitsgrundlage, die andere begründete Ansichten nicht total ausschließt.

Meine Überlegungen zur Humustheorie kommen nicht von ungefähr, sondern sind das Ergebnis der Suche nach einem gefestigten Standpunkt, sind der Versuch, vorhandenes bewährtes Wissen und Erkenntnisse mit begründeten neuen Vorstellungen und Thesen interdisziplinärer Forschung in Übereinstimmung zu bringen, um eine fassbare, einfache Arbeitsgrundlage zu haben und scheinbar unüberwindliche Hindernisse auszuräumen.

Bioanbau ist mehr als auf chemische Düngemittel und Pflanzenschutzmittel zu verzichten

Der Bioanbau ist auf einen fruchtbaren Boden angewiesen, den man am besten mit dem Aufbau einer umfassenden Humuswirtschaft erreicht. Sie besteht aus einem System von Maßnahmen. Die Kompostwirtschaft wird zu Recht als Kernstück des biologischen Anbaus bezeichnet. Besonders der Wurmkompost zeichnet sich als Bodenregenerierer aus. Er macht Pflanzen resistenter gegenüber Krankheits- und Schädlingsbefall. Durch die Ausgewogenheit der Erde, die einheimischen Erdwürmer oder die breitflächige Ausbringung von Wurmhumus schafft, werden die für den Boden nützlichen Mikroorganismen gefördert und bodenfeindliche eingedämmt, teilweise sogar vernichtet. Eingelagerte Kieselsäure, Spurenelemente, neu gebildete wertvolle Eiweißstoffe (Enzyme) sowie verschiedene Aminosäure (z.B. Wuchsstoffe) spielen eine wichtige Rolle im Boden beim Aufbau eines sogenannten antiphytopathogenen Potentials*, das die angebauten Pflanzen gesund erhält. Diese Kräfte im Pflanzenbau bewusst ausnutzen ist ein großer Vorteil der ökologischen Anbauweise und macht diese erst möglich. Unter diesem Gesichtspunkt basieren die Aussagen über eine „heilende Wirkung" von Wurmhumus durchaus auf einer realistischen Grundlage.

Die Wurmkompostherstellung ist nur eine Möglichkeit, in den Genuss der Wohlfahrtswirkung von Erdwürmern zu kommen. Auch mit den im Boden wildlebenden einheimischen Erdwurmarten sollten wir uns gut stellen. Einen besseren „Untermieter" im Garten gibt es nicht. Er gräbt Röhren, belüftet so den Boden und reguliert den Wasserhaushalt, kompostiert altes Laub und andere organische Materialien, düngt den Garten und schichtet Nährstoffe um.

---

* Vermögen eines Bodens zu aktiven Ausschaltung, Verminderung oder Hemmung von Krankheitserregern.

Wie wir bereits wissen, ist Boden und Humus ein sehr komplexes System, in dem der Erdwurm eine zentrale Rolle spielt. Durch die Anwendung weiterer Elemente des ökologischen Anbaus kann dieses System überaus günstig beeinflusst werden.
Wie schon erwähnt, hatte ich ein wichtiges Element des ökologischen Gartenbaus nicht gebührend berücksichtigt – den Fruchtwechsel. Weitere wichtige Elemente sind das Mulchen, die Mischkultur, der Zwischenfruchtanbau sowie der behutsame Umgang mit dem Boden. Ich bediene mich nunmehr aller hier angesprochenen Methoden, um sicherzugehen, keine Einseitigkeiten zuzulassen.

Einhaltung fester Fruchtfolgen

Das Gegenstück zur Fruchtfolge ist die Monokultur. Der Anbau von einer oder nur wenigen Pflanzenarten führt durch einen einseitigen Nährstoffentzug zur Verarmung des Bodens und bietet Krankheiten und Schädlingen gute Ausbreitungsmöglichkeiten.
Es genügte mir, darauf zu achten, dass im kommenden Jahr nicht die gleiche Frucht auf dem gleichen Beet angebaut wurde. So wird wohl eine Mehrzahl der Klein- und Hausgärtner verfahren, da sie, wie ich, nicht den Ehrgeiz haben, sämtliche Kulturen anzubauen, die für einen ausgeglichenen Fruchtwechsel notwendig wären. Dabei ist es wichtig, welcher Pflanzenfamilie die entsprechende Kultur angehört, denn der jährliche Wechsel bezieht die Zugehörigkeit zu ein und derselben Pflanzenfamilie (wie z.B. Rosengewächse, Nachtschattengewächse, Kohlgewächse, Salatgewächse) in die Anbauplanung mit ein.
Bei dem zeitlichen Nacheinander der anzubauenden Pflanzen sollten auch die unterschiedlichen Nährstoffansprüche der Gartenpflanzen berücksichtigt werden. Dazu werden insbesondere die Gemüsepflanzen in drei, neuerdings auch vier unterschiedliche Gruppen eingeteilt. Ich erinnere mich, dass mein Großvater regelmäßig im Herbst seinen Stallkaninchenmist zur Winterfurche auf seinen Beeten eingrub, die im kommenden Jahr die sogenannten Starkzehrer (später Weißkohl, Rosenkohl, Blumenkohl, Brokkoli, Kürbis, Gurke, Tomaten, Dahlien) ernähren sollten, im

zweiten Jahr die sogenannten Mittelzehrer (Möhren, Kohlrabi, Grünkohl, Endivie, Kartoffeln, Gurke, Löwenmaul) und im dritten die sogenannten Schwachzehrer (Bohnen, Erbsen, Kopfsalat, Spinat, Feldsalat, Radieschen, Rettich, Stiefmütterchen).

Die Kombination mit der Stallmistdüngung bestimmte somit gleichzeitig die Fruchtfolge. Das war schon fast ein Ritual, und es funktionierte. Der Boden reicherte sich mit Humus an, hatte eine tiefbraune Farbe. Eine Zeit lang war es mir ebenfalls möglich, mit Stallmist zu düngen, bis er mir ausging wie so vielen Kleingärtnern. Zum Ausgleich baute ich die Kompostwirtschaft aus. Durch eine möglichst weit gestellte Fruchtfolge sorgt der Gärtner für eine große natürliche Mikroorganismenvielfalt in seinem Boden, in der pflanzenschädigende und krankheitserregende Organismen ihre Vorteile verlieren.

Schon zu DDR-Zeiten war die Erdbeere eine begehrte Frucht. Der Erdbeeranbau nahm in unserer Gartenanlage einen breiten Raum ein und gefährdete damit eine gesunde vorschriftsmäßige Fruchtfolge. Auch in meiner eigenen Parzelle war aufgrund der übergroßen flächenmäßigen Ausdehnung des Erdbeeranbaus die sachgemäße Fruchtfolge über Jahrzehnte nicht gewährleistet. Da zunächst alles gut ging und Jahr für Jahr hohe Erdbeererträge eingebracht wurden, nahm ich den Verstoß leichtfertig in Kauf. Ich verließ mich auf meinen Kompost. Eines Tages nahmen die Erträge ab, die Wüchsigkeit und Gesundheit der Pflanzen ließen zu wünschen übrig. Die Diagnose: Bodenmüdigkeit und Verdacht auf Nematodenbefall.

Bodenmüdigkeit ist auch von der Wissenschaft nicht endgültig geklärt. Der schon mehrfach erwähnte Bakteriologe *Hugo Schanderl* gibt in diesem Zusammenhang zu bedenken, dass „jede Pflanzenart an ihrem Standort eine für sie typische Bakterienflora hinterlässt". Diese Erkenntnis könnte Licht und Aufklärung in das von der Wissenschaft oft erörterte Problem der Bodenmüdigkeit bringen.

Der Boden verträgt viel, auch über längere Zeit, bis er eines Tages reagiert. Ist das biologische Gleichgewicht des Bodens erst einmal gestört, fällt es sehr schwer, die ursprüngliche Ertragsfähigkeit wieder herzustellen.

Ich machte mir seinerzeit ernsthafte Gedanken darüber, wie gegenzusteuern sei. Durch den Anbau von Tagetes der Sorte ´Single Gold´, die

Mulch im Frühjahr zur besseren Trocknung und Aussaat einfach beiseitegeschoben.

besonders wirksam gegen Älchenbefall sein soll, versuchte ich, einen Ausgleich zu schaffen. Außerdem erweiterte ich die Fruchtfolge durch den Anbau von Hülsenfrüchten wie Buschbohnen bzw. Zuckererbsen. Dies betreibe ich nun schon einige Jahre, allerdings ohne durchschlagenden Erfolg. Das zeigt sich auch an der Ausläuferbildung der Erdbeerpflanzen. Die Wüchsigkeit der Pflanzen war früher so groß, dass die Pflanzenvermehrung überreich war und ich jede Menge Jungpflanzen an Nachbarn und Bekannte abgeben konnte. Heute ist es tatsächlich so, dass die Ausläufer sich mitunter weigern, in der Beeterde zu wurzeln; verläuft sich ein Ausläufer außerhalb des Beetes auf die sich anschließende Rabatte, wurzelt er dort garantiert, nur um mich zu ärgern. Und das tut weh. Die Natur, in diesem Fall der Boden, hat sich für meine Misswirtschaft übel gerächt. Ich muss mich wahrscheinlich damit trösten, dass es Jahrzehnte gedauert hat, bis der Boden keine Erdbeerpflanzen mehr ernähren wollte und es wohl auch Jahrzehnte dauern wird, bis dieser Fehler

Mulch und Wildkräuter schützen den Boden vor Austrocknung.

wieder behoben ist. Ich habe dieses Missgeschick nicht verschwiegen, um zu zeigen, dass es auch in meinem Garten noch einiges zu tun gibt.

Aus den bisherigen Ausführungen ist leicht zu entnehmen, dass die Fruchtfolge eine nicht geringe Bedeutung für die Versorgung des Bodens mit organischen Stoffen und letztlich des Humusgehalts hat. Durch den Anbau von Leguminosen lässt sich eine ergiebige Stickstoffquelle (Luftstickstoff) anzapfen, nämlich die natürliche Stickstofffixierung durch Knöllchenbakterien auf Symbiosebasis. Die Fruchtfolge wird auch von der konventionellen Landwirtschaft nach den schlechten Erfahrungen mit der Monokultur als wichtig anerkannt, aber in dem Sinne der Aufrechterhaltung des Bodens als „Gefäßsystem für die Pflanze" und der besseren Wirksamkeit der chemischen Düngemittel, um die chemische Düngung ungehindert und verstärkt fortführen zu können.

Durch Wissenschaftler wurde ein ausgeklügeltes System der Bewertung von Pflanzen nach ihrer Humusbedürftigkeit (humuszehrende Pflanzen) oder Humusbereitstellung (humusmehrende Pflanzen) erarbeitet, um mit-

Erdwürmer bedanken sich mit Wurmhäufchen für die Wintermulchabdeckung.

tels Humuseinheiten eine Humusbilanzierung vorzunehmen und einen gewissen Mindesthumusgehalt im Boden aufrechtzuerhalten. Staatliche Institutionen haben zur Vergabe staatlicher Subventionen Gesetze erlassen, in denen die Notwendigkeit einer richtigen Bodenbewirtschaftung festgelegt wird. Diese Betriebsamkeit bedeutet keine Abkehr vom Prinzip des konventionellen Landbaus, kein einziges der anstehenden Probleme wird dadurch gelöst, sondern die Chemisierung der Landwirtschaft verstärkt und zementiert.
Das bleibt nicht ohne Folgen auf die mikrobielle Artenvielfalt der Böden, die sich zugunsten der Bakterien verschiebt. Besonders gravierend ist der Rückgang der Regenwurmpopulationen, die auf konventionell bewirtschafteten Flächen zehn- bis zwanzigmal geringer sein soll. Die Häufigkeit des Auftretens von Regenwürmern gilt im ökologischen Landbau als Maß für die natürliche Bodenfruchtbarkeit.
Ertragsausfälle durch Verstöße und Missachtung der Gesetze der Ökologie und der Humuswirtschaft lassen sich durch Kompostanwendung bestenfalls mindern, aber nicht verhindern. Es wird klar, die einzelnen Elemente des ökologischen Anbaus lassen sich nicht untereinander ersetzen. Man spricht vom „System der Humuswirtschaft", das letztlich die besten Ergebnisse verspricht, die Naturkräfte wirksam fließen zu lassen.

Mulchen – Balsam für den Boden

Viele Vorteile für eine langfristige Humusanreicherung verspricht das Mulchverfahren.
Das Mulchen von Beerensträuchern habe ich von meinem Großvater übernommen. Es sorgt für Nährstoffnachschub, schützt den Boden vor Austrocknung, das Bodenleben wird aktiviert und verbessert somit die chemischen, physikalischen und biologischen Bodeneigenschaften.
Die Mulchschicht hält den Boden feucht und unterdrückt gleichzeitig die Wildkräuter.
Das Mulchverfahren ähnelt den Abbauprozessen in der Natur.
Mulchen steht der Kompostierung sehr nahe, besonders bei den sogenannten Kaltkompostverfahren unterscheidet sich der Rotteprozess nicht

wesentlich. Auch der Ausdruck „Flächenkompostierung" für Mulchanwendung spricht für diesen Zusammenhang.
Die Autoren *Stout* (2000) aus den USA und *Kretschmann* (2001) aus dem Oderbruch haben mit ihren Veröffentlichungen zum „Totalmulchverfahren" gezeigt, dass man mit Mulchanwendung ohne Stallmist, Kompost oder künstlichen Mineraldünger einzusetzen, erfolgreich ökologisch gärtnern kann. Ein Sauerstoffmangel beim Abbau der organischen Substanz ist nicht zu befürchten, da das Mulchmaterial direkt auf die Oberfläche des Bodens aufgebracht wird.
Beim „Totalmulchverfahren" wird der gesamte Boden des Gartens mit einer Mulchschicht (bis 20 Zentimeter stark) überzogen. Der Boden ist nicht mehr „nackt". Vom Prinzip her ist das eine feine Sache. Aber gerade das große Plus, die ganzflächige Abdeckung, wird zum Hindernis bei der Verbreitung dieser Methode.
Das ungewohnte Erscheinungsbild eines vollständig gemulchten Gartens hält einen Großteil der Gartenfreunde davon ab, hier „Neuland" zu beschreiten.
Bei diesem Verfahren gibt es noch ein paar weitere kleine Mängel, auf die man sich, wenn man sie kennt, einstellen kann, wie zeitweilig auftretender Stickstoffmangel (biologische Nährstoffsperre), Anlocken von Tieren (Vögel, Schnecken, Bodenwühler) und erhöhte Spätfrostgefahr.
Aus eigener Erfahrung kann ich sagen, wie schwierig es ist, die notwendigen großen Mengen organischer Substanz zu beschaffen, die teilweise von außen dem Garten zugeführt werden müssen. Nach eigenen Angaben der Autoren sind dies selbst für einen Klein-oder Hausgarten mehrere Tonnen. Das ist schwer durchzuhalten und mit hohem Aufwand verbunden.
Beim Mulchen schwerer toniger Böden, wie das in unserer Kleingartenanlage der Fall ist, sollten einige Besonderheiten unbedingt beachtet werden:
vor dem Mulchen Bodenoberfläche noch einmal gut auflockern und
in Nässe- und Regenperioden Mulch nur dünn oder gar nicht ausbringen.
Um erfolgreich zu mulchen, sollte nach *Heyer* (1980) zwischen zwei Mulcharten unterschieden werden:
dem „Trockenmulchverfahren", eine kohlenhydratreiche Abdeckung (z.B. verdorbenes Heu, Stroh bis 20 Zentimeter Höhe), die dem langfristigen

Schutz des Bodenlebens dient und die Grünmulchdecke, eine eiweißreiche, sich schnell zersetzende Nährdeckung (z.B. frischer Rasenschnitt), die nur ganz dünn (maximal einen Zentimeter hoch) mit der Hand ausgestreut wird, dafür öfter.
Nach dem Zeitpunkt des Ausbringens von Mulch unterscheidet man Sommermulch (abgestimmt auf die einzelne Kulturpflanze) und Wintermulch (im Herbst). Die winterliche Bodenabdeckung könnte in naher Zukunft bei der Einstellung auf den weltweiten Klimawandel eine zusätzliche Bedeutung erlangen. Ich denke dabei an die immer häufiger auftretende sogenannte Vorsommertrockenheit in Thüringen. Einen Vorgeschmack lieferte das Frühjahr 2007. Die Trockenheit begann bereits in den Monaten März/April und zog sich bis Ende Mai hin. Für manchen Gartenbesitzer aus meiner unmittelbaren Nachbarschaft war das eine Katastrophe. Wer denkt, dass ich übertreibe, der irrt. Der ungeschützte Boden trocknete stark aus, sodass der, der den richtigen Zeitpunkt zum Einebnen und Bearbeiten der groben Winterscholle verpasste, das Nachsehen hatte. Auch die gelobte Frostgare konnte in diesem Frühjahr nicht genutzt werden. Sonneneinstrahlung und trockene Ostwinde ließen unseren schweren lehmigen Tonboden steinhart werden, besonders, wenn er wie in einigen Fällen humusarm war. Geringe Niederschläge bis Mitte Mai veränderten die Situation kaum, sodass einige Gartenfreunde die Geduld verloren und versuchten, in mehreren Ansätzen mit Wasser aus dem Wasserschlauch und brachialer Gewalt das Problem auf ihre Art zu lösen. Hacken- und Spatenstiele gingen zu Bruch. Alles erfolglos.
Es ist geradezu ein Demonstrationsbeispiel, was uns mit zunehmendem Klimawandel und falschem Bodenmanagement erwartet. In einem schon zu Beginn der Wachstumsperiode malträtiertem Boden bleibt vom natürlichen Bodenleben nicht viel übrig. Einen Gartennachbarn hat es besonders schwer erwischt, Woche für Woche führt er einen aussichtslosen Kampf. Er weiß natürlich nicht, dass ein solch schwerer alluvialer Schwemmlandboden unter diesen Bedingungen zum sogenannten Minutenboden wird, d.h., dass der Boden nur in einer sehr begrenzten Zeitspanne bearbeitet werden kann. Das gilt sowohl bei Trockenheit als auch bei Nässe. Der Gärtner muss sich hier nach der Natur richten und nicht umgekehrt. Der Vorfall bestätigt, mit welchen Auswirkungen zu rechnen

ist, wenn gegen die einfachsten Regeln des natürlichen Pflanzenbaus und des sorgfältigen Umgangs mit dem Boden verstoßen wird.
Ob ihm das eine Lehre war, bleibt abzuwarten. Kluge Hinweise vom Nachbarn helfen da wenig. Der Philosoph, Mathematiker, Physiker und Astronom *Galileo Galilei* formulierte die Erkenntnis wie folgt: „Man kann niemanden etwas lehren. Man kann ihm nur helfen, es in sich zu finden."
Auf den gemulchten Beeten meiner Gartenparzelle brauchte ich im Frühjahr 2007 nicht über eine schlechte Abtrocknung und Frühjahrserwärmung des Bodens zu klagen und so wurde aus der Not eine Tugend. Übrigens hatte ich meine Beete im letzten Herbst nicht umgegraben, sondern vor dem Mulchen mit der Grabegabel nur tief gelockert. Alles Weitere habe ich der großen vielfältigen Schar der Bodenorganismen überlassen, die wollen ja auch beschäftigt werden. Denn nur so können sie sich nützlich machen, den Boden vor Schaden bewahren und den Gärtner vor bösen Überraschungen. Einige Gartenfreunde, die sich für das Mulchen entschieden haben, tun es immer wieder.

Gründüngung und Winterzwischenfruchtanbau

Ein anderer Weg, dem Boden organische Stoffe zu zuführen, ist die Gründüngung oder der Winterzwischenfruchtanbau. Gründüngung wird in unserer Gartenanlage nur vereinzelt von einigen ganz mutigen Kleingärtnern angewandt. Wer das Prinzip fruchtbarer Böden verstanden hat, der wird versuchen, Gründüngung in seine Fruchtfolge einzubauen.
Während bei fertigem, ausgereiftem Kompost die Humusanreicherung im Vordergrund steht, geht es bei der Gründüngung mehr um die Bodenaktivierung, also die Anreicherung mit Mikroorganismen und die schnelle Nährstofffreisetzung. Da meine Beetfläche im Sommer äußerst ausgelastet ist, kommt die Gründüngung in meinem Garten als Winterzwischenfruchtanbau zum Einsatz.
Dafür stehen eine Reihe von Pflanzen zur Verfügung. Mit Gelbsenf habe ich bisher gute Erfahrungen gesammelt. Eine späte Aussaat im September ist noch möglich. Es wird ziemlich dicht ausgesät, entsprechend Aussaat-

Gelbsenf als Winterzwischenfrucht.

hinweis auf der Tüte. Das ist wichtig für einen dichten Aufwuchs mit entsprechender Beschattung und den Schutz des Bodens, sodass ein schöner grüner Teppich in den Herbstmonaten heranwächst. Die Gründüngung wirkt nicht nur über das Blatt, sondern auch über die Wurzel. Deshalb nicht ausreißen. Gelbsenfanbau finde ich praktisch, er friert bei Frost ab. Ich brauche mich nicht um die beachtliche Grünmasse der oberirdischen Teile zu kümmern. Die erfrorenen Pflanzen liegen, vom Schnee breit gedrückt, dünn verteilt wie eine zarte Decke auf dem Erdboden. Ein lukratives Nahrungsangebot für erwachendes Bodenleben aller Art. Die Gründüngung versorgt im Frühjahr mit beginnender Erwärmung den Boden mit leicht verrottetem Nährhumus, der schnell abgebaut wird. Sie führt zu einer zeitweiligen Stabilisierung der Bodenstruktur, eine langfristige Humusanreicherung des Bodens ist kaum zu erwarten. Gründüngung macht trotzdem Sinn, denn sie ist ein Bestandteil im Gleichgewicht des Bodens zwischen Nähr- und Dauerhumus. Gut beraten ist der Gartenfreund, dessen Gartenerde einen hohen Dauerhumusgehalt durch regelmäßige

Wurmkompostzufuhr aufweist, weil er eventuellen Auswaschungen von mineralisiertem Nährhumus vorbeugt. Auf die stickstoffsammelnde Wirkung des Anbaus von Leguminosen (Schmetterlingsblütler) und deren Bedeutung als Gründüngungspflanzen möchte ich hier nur verweisen.

Mischkulturen für den Kleinanbau

Ein weiteres Element des ökologischen Gartenbaus ist die Mischkultur, die sich besonders für den Kleinanbau gut eignet. Vereinfacht ausgedrückt, beruht die Mischkultur darauf, dass Pflanzen nicht nur Stoffe aus dem Boden aufnehmen, sondern auch Stoffe abgeben können, die für die Verträglichkeit und gegenseitige Beeinflussung der Pflanzen untereinander sowohl im positiven als auch in negativer Weise verantwortlich sind.
Es ist ein sehr junges Wissensgebiet (Allelopathie), das erst zu Beginn des 20. Jahrhunderts erforscht wurde (*Wagner* 2000). Nicht alle Pflanzen sind sich „grün". Man hat beobachtet, dass Pflanzen in Gegenwart bestimmter anderer Pflanzen sich besser oder weniger gut entwickeln.
Am besten, jeder Gärtner probiert es mit den von ihm angebauten Pflanzen selbst aus. Da kann man positive Überraschungen erleben. Es gibt da einige Pflanzen, die sich mit vielen anderen vertragen bzw. diese günstig im Wachstum beeinflussen, z. B. Salat und Spinat. Im frühen Anbau im kalten Gewächshaus kombiniere ich seit einigen Jahren frühen Rettich (Tiefwurzler) mit Schnittsalat (Flachwurzler) zur Beschattung des Bodens und vorbeugend gegen den Befall der Rettichblätter mit Erdflöhen. Auch den Sommer- und Herbstrettichanbau kombiniere ich mit Kopfsalat. Rettich und Kopfsalat sind in meinem Garten wichtige Kulturen zur saisonalen Gemüseversorgung.
Es gibt noch eine Reihe weiterer beliebter Kombinationen:
z.B. Tomate mit Petersilie, Erdbeeren mit Zwiebel oder Knoblauch.
Die Tomate ist eine der wenigen Kulturen, die mit sich selbst verträglich sind. Die Außerkraftsetzung des Fruchtwechsels hat sogar positive Wirkungen auf die Tomatenpflanze.
Neben der Tomatenreihe steht eine Reihe Petersilie nicht zufällig, sondern um den positiven Effekt des Mischanbaus auszunutzen.

Mischanbau

Es gibt in der Fachliteratur zahlreiche Auflistungen, die zeigen, welche Pflanzen als Mischkulturenpartner geeignet sind und welche nicht.
Wie wichtig der Mischanbau sein kann, zeigt sich beispielsweise im Selbstversorgeranbau in tropischen Grenzstandorten. Hier entscheidet die gute Partnerwahl bei der Mischkultur darüber, ob eine Kulturpflanze überhaupt angebaut werden kann oder nicht.

Mischanbau verbessert die Anbauvielfalt auf kleinstem Raum.

Der pflegliche Umgang mit dem Boden – die Gaia-Theorie

Der pflegliche Umgang mit dem Boden soll das Bodenleben nicht nur schützen, sondern auch fördern. Als Edaphon bezeichnet man die gesamte Flora und Fauna der verschiedenen Bodenkleinlebewesen, das Plankton des Bodens. Für den Ökogärtner gibt es nichts Wichtigeres, als die ökologischen Gleichgewichte der Lebewesen sowohl im als auch über dem Boden zu stärken. Es wird von Naturschützern gern und viel über die Bedeutung der Artenvielfalt (Biodiversität) gesprochen. Dabei ist fast ausschließlich die über der Erde gemeint. Die Biodiversität der Lebewesen unter der Erde, insbesondere der Mikroorganismen, ist genauso wichtig. Davon sprechen nur wenige. Schon bei näherer Betrachtung ist leicht zu erkennen, dass bei industriell bewirtschafteten Böden das Bodenleben unzureichend ist, da regelmäßig durch chemischen Dünger und Spritzungen in das Gleichgewicht der Natur grob eingegriffen wird. So soll sich das mikrobielle Gleichgewicht zugunsten der Bakterien auf den Feldern verschoben haben. Dies wirkt sich auch auf die Erdwürmer aus.

Der organische Landbau sieht im Boden einen lebenden Organismus. Wem der Kreislauf von den lebenden Substanzen zu wissenschaftlich ist, der kann sich eines einfacheren Modells, der sogenannten Gaia-Theorie nach *Lovelock* (1991) bedienen. Vereinfacht ausgedrückt geht es darum, dass sowohl die Erde als Planet als auch ihre äußerste dünne Hülle, der Boden, lebt („Superorganismus"). Er atmet, hat Stoffwechsel, braucht Sauerstoff, Wasser und Wärme, alles, was auch Organismen auszeichnet. Der Boden lebt auch durch das, was er enthält, nämlich dem Edaphon, dem Plankton der Humussphäre. Der Name Gaia ist die altgriechische Bezeichnung für „Mutter Erde".

Nach der schon erwähnten renommierten amerikanischen Professorin für Biologie *Margulis* (1999) ist die Erde als ein umfassendes, selbstregulierendes Geflecht aus Ökosystemen anzusehen. Dies spricht auch für eine Selbstregulierung der Erde bei sich ändernden Bedingungen (Klimawandel). *Margulis* war eine aktive Verfechterin des Gaia-Prinzips von *Lovelock*.

Obwohl mein Großvater als Webereifacharbeiter von all den wissenschaftlichen Erkenntnissen nichts wusste, tat er in vielen Fällen das Richtige. Um seinen Boden und dessen Gare zu schonen, legte er, um Bodenverdichtungen zu vermeiden, stets lange Holzbretter zum Begehen zwischen die Beete, von denen aus er die Gartenarbeiten vornahm.

Wer den Boden als lebenden Organismus betrachtet und sich davon leiten lässt, ist gut beraten beim sorgsamen Umgang mit dem Boden und dessen Bewohnern. Der wird automatisch das Richtige tun, der schützt die Prozesse des Ab- und Umbaus der organischen Substanzen bis hin zur Symbiose zwischen Mikroorganismen und Pflanzen bei der Ernährung derselben. Das ist ein Erklärungsmodell, mit dem man arbeiten kann, ein einfacher gemeinsamer Nenner für ökologisch interessierte Klein- und Hausgärtner.

Mit der umfassenden Anwendung vorgestellter ökologischer Elemente und Anbaumethoden können naturbewusste Klein- und Hausgärtner und Selbstversorger der verhängnisvollen Entwicklung der immer weiteren Intensivierung der gärtnerischen und landwirtschaftlichen Pflanzenproduktion mit den bekannten negativen Auswirkungen auf Pflanze und Umwelt gegensteuern und ihre Ernährung mit gewissen Einschränkungen gesund und autark gestalten oder zumindest einen gewissen Ausgleich herbeiführen.
Wo es Mulch, organische Abfälle und Kompost gibt, da haben auch die unterschiedlichsten Tiere ihr Auskommen. Der Klein- und Hausgarten bietet eine Vielzahl von Möglichkeiten der Begegnung mit der Natur. Ein solches Geschehen ist mir im Gedächtnis haften geblieben. Ich nenne es „Meine Begegnung mit Mutter Maus". Wenn ich mich richtig erinnere, hatte ich frischen Rasenschnitt zum Anwelken in der Sonne ausgebreitet und wollte diesen wieder aufnehmen, da beobachtete ich plötzlich eine Maus. Ich hatte instinktiv mit dem Arm schon ausgeholt, um dem Vorratsschädling mit dem Spaten nach dem Leben zu trachten, als mir der Atem stockte und mein Arm erlahmte. Ich sah, wie Mutter Maus ihren Nachwuchs mit dem Maul packte und forttrug. Ich konnte ihr nichts antun. „Leben und leben lassen" ist auch eine Devise für den Biogärtner im Klein- und Hausgarten.

Kleingartenanlage an der Weißen Elster

Unsere Kleingartenanlage befindet sich in der Auenlandschaft der Weißen Elster, einem Nebenfluss der Saale. Das besagt, dass unser Boden von der Elster geprägt worden ist. Es ist ein alluvialer Schwemmlandboden, bestehend aus Bestandteilen unterschiedlichster Körnung, vom Schotter im Untergrund bis zum schwersten Lehm und Ton an der Oberfläche, wie wir bei Schachtarbeiten unseres Gemeinschaftsbrunnens unschwer feststellen konnten.
Auenschwemmlandböden gehören zu den fruchtbarsten Böden, wenn sie richtig behandelt werden. Sie sind tiefgründig und nährstoffreich. Wird dieser kalte Boden durch geeignete Maßnahmen mit Humus angerei-

chert, verbessert sich die Durchlüftung und Erwärmung. Das ist eine gute Grundlage für die Mitglieder unserer Anlage für hohe und stabile Erträge. Die bodenkundlichen Voraussetzungen sind also gut. Wie wir bereits wissen, ist Boden keine tote Masse, sondern unterliegt ständigen Veränderungen, entwickelt sich, unterliegt dem Auf- oder Abbau. Gartenerde ist eine Kulturerde, der Einfluss des Menschen überwiegt. Deshalb sind die Behandlung und der Umgang mit dem Boden durch den Gärtner von entscheidender Bedeutung für seine aktuelle Fruchtbarkeit, das gesunde Wachstum der Pflanzen sowie die Höhe der Erträge.

Die Humusversorgung meiner Gartenparzelle kann aufgrund der von mir betriebenen ökologischen Wirtschaftsweise als sehr gut bezeichnet werden. Diese Einschätzung wird durch Bodenanalysen gestützt, die im Durchschnitt von mehreren Jahren einen Humusgehalt von etwa zehn Prozent bescheinigen.

Die Mitglieder unserer Kleingartenanlage erheben keinen Anspruch, sich ausschließlich von selbst angebautem Obst und Gemüse zu versorgen. Wie in der Verbandsordnung festgeschrieben, wollen wir unseren Speiseplan durch den Anbau einheimischer, gesund angezogener Produkte bereichern und einen Ausgleich zu dem konventionell erzeugten Obst und Gemüse aus Supermärkten schaffen. Dabei geht es auch um körperlichen Ausgleich bei Bewegung an frischer Luft, eine Art Selbstverwirklichung und darum, soziale Kontakte zu pflegen. Mein Gartenplan sieht eine ganzjährige Versorgung mit frischem Salat vor.

Gemüseanbau – Ganzjährige Versorgung mit frischem Salat: Rapünzchen

Der Anbau von Feld- oder Ackersalat *(Valerianella olitoria),* auch Rapünzchen genannt, als Nachfrucht ist einfach, stellt keine besonderen Anforderungen und braucht keine weitere Düngung. Feldsalatanbau wirkt selbst positiv auf den Boden zurück, indem die Pflanze dem Boden Schatten spendet, ihn durchwurzelt und locker hält, ähnlich einer Winterzwischenfrucht.

Der Feldsalat schließt die Lücke im ganzjährigen Salatanbau über die Wintermonate. Nicht nur der Vitamin C-Gehalt und Folsäuregehalt dieser außergewöhnlichen Pflanze soll bedeutend höher als bei anderen Salatgewächsen sein (*Schimmel* 2011).

Der Rapünzchenanbau nimmt in meinem Garten einen festen Platz ein. Zwei bis drei Beete sowie Breitaussaat zwischen Erdbeerpflanzen sind angemessen. Ich hatte davon noch nie genug, denn der Winter ist lang. Die Leistung der Pflanze ist besonders bei geschütztem Anbau im sonst leer stehenden Gewächshaus oder im Frühbeetkasten überraschend hoch. Der Rapünzchenanbau ist zwar bekannt, aber seine Verbreitung hält sich in Grenzen. Mir ist es deshalb ein Bedürfnis, eine Lanze für den Feldsalat zu brechen.

Schon Ende Juli/Anfang August säe ich die ersten Reihen Feldsalat im Freiland aus. Mit einer langen dünnen Holzlatte ziehe ich eine Aussaatreihe in den flach gelockerten Boden. Ausgesät wird aus der Samentüte, nicht mit Finger und Daumen, wie das in einigen bunten Gartenzeitungen immer wieder suggeriert wird. Nach dem ich die Saatrille mit dem Rechen geschlossen habe, klopfe ich die Aussaatreihe mit einer kleinen flachen Schaufel zum besseren Erdschluss an. Die Keimzeit von Rapünzchen ist mit zehn bis 14 Tagen sehr lang. Das Angießen der Saat darf nicht vergessen werden.

Die lange Auflaufzeit kann durch Auflegen von angefeuchteten Pappkartonstreifen in Abhängigkeit von der Witterung stark verkürzt werden. Besonders erfolgreich war das Auflegen von Wellpappe bei der Anzucht von Rettich, dessen Samen bereits nach zwei Tagen auskeimten. Erfolg damit hat nur der, der die Abdeckung rechtzeitig und sofort nach Keimung der ersten Samen wieder beseitigt.

In den letzten Jahren nutzte ich mein im Winter leerstehendes Gewächshaus zum Anbau von Rapünzchen: 1. Aussaat – Anfang September
2. Aussaat – Ende September.

Die Anfangsentwicklung der Pflanzen ist eher zögerlich. Zwischen den Reihen wird der Boden gelockert, zu dicht stehende Pflanzen entfernt. Erstaunt war ich, wie die Pflanzen mit abnehmendem Tageslicht an Blattmasse ständig zunahmen. Eine erste Ernte von „Superexemplaren" zeitigte ich Ende November.

Innerhalb des Gewächshauses deckte ich die Beete bei einsetzendem Frost zusätzlich mit Folie bzw. Lochfolie ab. Im Winterhalbjahr 2010/2011 konnte ich trotz starken Frostes dank der Abdeckung absolut unversehrte, stark ausgebildete, meine bisher größten Rapünzchenpflanzen mit einem Durchmesser bis zu 20 Zentimeter in bester Qualität ernten. Was für ein Ertragspotenzial!
Ein solches Wachstum spricht natürlich auch für den Boden, der es ermöglicht. Rechtzeitige Aussaat im Freiland sorgt auch hier für große und buschige Pflanzen, die vom Aussehen so gar nichts mit den kleinen

Rapünzchenanbau im kalten Gewächshaus.

Pflänzchen im Supermarkt gemeinsam haben. Große Pflanzen erleichtern die Ernte und das anschließende Säubern und Putzen. Ich beobachtete, dass bei meinen Rapünzchenpflanzen ab einer gewissen Wachstumsperiode eine Art Bestockung (Zwischentriebe an der Rosette) eintrat, ähnlich wie im Frühjahr bei jungen Getreidepflanzen. Diese Triebbildung ist nicht nur für die Ertragsbildung von Getreidepflanzen von Interesse. Der Ertragszuwachs erfolgt vor dem Jahreswechsel, im Frühjahr schaltet die Pflanze auf generatives Wachstum um und bildet Schosser.

Die größten Gefahren, die dem Feldsalat drohen, sind Mehltau im Gewächshaus und wiederholte starke winterliche Kahlfröste im Freilandanbau. Der Feldsalat ist eine erstaunliche Pflanze hinsichtlich der Wintertauglichkeit. Bei Frost wirken die Blätter wie erfroren und werden welk. Bei Tauwetter werden sie wieder frisch, als sei nichts gewesen.
Geerntet wird nur bei Frostfreiheit. Die Pflanze verfügt über eine unübertroffene Robustheit.
Wie jede Pflanze ist sie ein kleines Wunder der Natur, das mich allerdings nicht davon abhält, die dunkelgrünen Blätter gesäubert, geputzt und zerschnitten, zubereitet mit Öl, Zitrone und Zucker, als erfrischendes, saisonales Wintergemüse mit Appetit zu verzehren. Übrigens soll schon „Ötzi", die Mumie aus der Steinzeit, wildwachsende Rapünzchen gegessen haben, wofür Samenfunde sprechen.
Nach den Rapünzchen kann ich im April bereits den nach Knoblauch riechenden Bärlauch *(Allium ursinum)* pflücken, der sich bei mir in wenigen Jahren zu meiner Freude durch Selbstaussaat ausgebreitet hat. Er ist weniger aufdringlich im Geruch, aber seine schwefelhaltigen Inhaltstoffe nicht weniger wirksam. Bevor ich von Freunden Bärlauchzwiebeln geschenkt bekam, versuchte ich denselben mit gekauften Samen in einer Aussaatschüssel anzuziehen. Ich gab mir große Mühe, setzte den Samen – wie vorgeschrieben – niedrigen Temperaturen aus mit dem Ergebnis, dass kein einziges Korn aufgelaufen ist. So etwas soll vorkommen. In den nachfolgenden Monaten steht dann Kopfsalat aus Gewächshaus und Freilandanbau zur Ernte an.

Gesunde Tomatenpflanzen trotz Tomatenfäule

Das meiste Gemüse fällt natürlich in den Sommermonaten an wie Gurken, Tomaten, Zucchini und Rettich. Die bodenkundlichen und klimatischen Besonderheiten unserer Tallage habe ich bereits erwähnt. Wer trotzdem nicht auf den Anbau von Tomaten verzichten möchte, der hat es wegen des Befalls mit der Kraut- und Fruchtfäule nicht einfach. Sie hat schon so manchen zur Verzweiflung gebracht. Wie im ökologischen Anbau üblich, so ist auch hier die Vorbeugung das Wichtigste. Der

Robuste und wüchsige Tomaten mit mehreren Trieben.

Standort sollte geschützt und der sonnigste Platz im Garten sein. Auch die Ernährung der Pflanze ist sehr wichtig. Ich kann mich noch gut an einen Gartenfreund erinnern, der seine mastig und üppig wachsenden Tomatenpflanzen lobte, denen er viel Stallmist und wahrscheinlich auch chemische Düngemittel verabreicht hatte. Sie waren die besten weit und breit. Die Freude währte nicht lange. Er hatte nicht bedacht, dass besonders bei mit Stickstoff überdüngten Pflanzen sich die Krankheitsanfälligkeit stark erhöht. Nach kurzer Zeit entfernte er klammheimlich seine Tomatenpflanzen. Sie waren der Tomatenbraunfäule *(Phytophthora infestans)* zum Opfer gefallen. Aus der Traum.

Mit Wurmhumus versorgte Pflanzen können in diesem Sinne nicht überdüngt werden, da die Nährstoffe nicht wasserlöslich vorliegen, sondern aus dem Ton-Humus-Komplex in Symbiose mit der Wurzelflora der Pflanze erschlossen werden.

Der Tomatenanbau steht und fällt in unserer Gartenanlage mit dem Auftreten und dem Befall der Tomatenkraut- und Fruchtfäule. Der Kampf gegen die Tomatenbraunfäule erweist sich als eine echte Herausforderung für die Kopfarbeit. Dazu ist es wichtig zu wissen, dass der Pilz nur in die Pflanze eindringen kann, wenn sie feucht ist. Einige Spartenmitglieder unserer Kleingartenanlage versuchten es mit dem Aufstellen eines sogenannten Tomatenzeltes zum Schutz gegen Nässe und Feuchtigkeit, andere mit einer provisorischen Überdachung, ohne nennenswerten Erfolg.

Trotz der widrigen Witterungsbedingungen war ich im Jahr 2011 von meinen erstaunlich gesunden Tomatenpflanzen und überzeugenden Erträgen überrascht.

Wie jedes Jahr spritzte ich meine Tomatenpflanzen gegen die Braunfäule. Dafür wurde mir schon öfter der Vorwurf gemacht: „Du willst ein Biogärtner sein? Ich habe Dich beim Spritzen erwischt." Auch im ökologischen Anbau kann es notwendig werden, zur Spritze zu greifen. Es kommt immer auf das Mittel an, das verwendet wird. Im Bioanbau werden Pflanzenextrakte und mineralische Präparate (z.B. Steinmehl oder Schwefel) bevorzugt.

Seit es für den Bioanbau zugelassene Spritzmittel gegen diesen Pilz gibt, wird zunehmend von den Mitgliedern unsere Sparte davon Gebrauch gemacht. Ich verwende Kupferkalkbrühe. Sie soll sich in größeren Mengen ungünstig auf Erdwürmer auswirken. Kupfer ist ein Spurenelement und wurde in den letzten Jahren von der Europäischen Union strengen Prüfungen bezüglich Human- und Umweltgiftigkeit unterzogen.

Gefährliche, verbotene Spritzmittel sind vor allem neuartige synthetisch hergestellte toxisch wirkende Mittel, die die Natur nicht kennt und somit Umwelt und Mensch in vielfältiger Weise in Gefahr bringen können.

Eine für den Bioanbau zugelassene Spritzanwendung ist zwar wichtig, aber sie ist es nicht allein, die letztlich einen erfolgreichen Anbau sichert. Es sind eine Reihe von Einflussfaktoren, die stimmen müssen. Bei der Sortenwahl sollte man auf Sorten achten, die gegen Phytophthora resistent sind. Desweiteren ziehe ich selbst F_1-Hybriden aus Samen an. Diese angeblich „resistenten" Sorten versagen unter den Bedingungen unserer Kleingartenanlage, werden nicht noch andere Pflegemaßnahmen eingeleitet.

Die von mir schon jahrelang angebaute Tomatensorte 'Vitella' überstand alle Witterungsunbilden mit bemerkenswertem gesund aussehendem grünem Blattwerk, sodass die Assimilation bis einschließlich September gesi-

Gesunde Tomaten trotz schlechter Bedingungen.

chert war. Diese Sorte zeichnet sich durch eine besondere Wuchsleistung aus. Man kann sie mehrtriebig kultivieren. Ich beließ in diesem Jahr drei bis vier Triebe pro Pflanze. Die Einzelpflanze musste mit drei Pfählen gestützt werden, damit sie nicht unter der Last der Früchte umkippte.
Humusreiche, krümelige Gartenerde einschließlich Pflanzlochgabe von aufbereitetem Wurmhumus und Mulchabdeckung ergänzen die pflanzenbaulichen Maßnahmen.
Der Mulch unterstützt eine gleichmäßige ausgeglichene Feuchtigkeit im Boden und sorgt für eine oberflächige Abtrocknung des Beetes. Die Mulchdecke trägt damit zur Senkung der Luftfeuchte bei. Nach dem Gießen sollten die Pflanzen abgetrocknet in die Nacht gehen.
Dass man die unteren Blätter ausgewachsener Tomatenpflanzen wegen Bodenkontakt entfernt, wird in unserer Anlage größtenteils beachtet.
Wie schon weiter oben erwähnt, ist die Tomate eine der wenigen Kulturen, die mit sich selbst verträglich ist. Die Außerkraftsetzung des Fruchtwechsels hat sogar positive Wirkung auf die Kultur. Nicht jeder Gartenfreund weiß, dass Tomaten mit sich selbst verträglich sind.
Meine Tomaten pflanzte ich auf denselben sonnigen Standort wie im Vorjahr. Vielleicht war das der Durchbruch. Auch sei an dieser Stelle noch einmal darauf hingewiesen, dass neben der Tomatenreihe eine Reihe Petersilie nicht zufällig steht, sondern um den positiven Effekt des Mischanbaus auszunutzen. Nach meiner Einschätzung ist es die Vielzahl der überlegt durchgeführten Maßnahmen, die in ihrer Gesamtheit eine größere Chance haben, auch unter örtlich ungünstigen Bedingungen, gesunde Tomatenpflanzen mit einer akzeptablen Ernteausbeute anzuziehen.

Halbjährige Versorgung mit Beerenobst und Äpfeln

Desweiteren habe ich in meinem Garten die halbjährliche ununterbrochene Versorgung mit Beerenobst realisiert.
Die ersten lang ersehnten frischen Beeren sind natürlich die Erdbeeren. Besonders die alte Sorte 'Mieze Schindler' hat es mir angetan.
Neben Stachel- und Jochelbeeranbau zum sofortigen Frischverzehr, sind die zeitlich gestaffelten Roten Johannisbeeren sehr beliebt aufgrund ihrer vielfältigen Verwendung. Danach werden die großen Beeren meiner stachellosen Brombeeren und die Früchte meiner zweimal tragenden Himbeersorte reif, die ich mit gutem Erfolg anbaue.
Meine zweimal tragende Himbeersorte schneide ich im Frühjahr bis auf den Boden ab, sodass sie nur einmal im Jahr trägt, und zwar vom August bis zum Frosteintritt. Damit wird die Ernteperiode entscheidend verlängert. Voll im Ertrag stehende Brom- und Himbeersträucher können eine Augenweide sein. Die Beeren sind wegen ihrer Inhaltstoffe sehr gesund und schmecken voll ausgereift ausgezeichnet.
Beim Anbau von Beerenobst ist zu beachten, dass sie Flachwurzler und Waldpflanzen sind. Wälder verfügen meist über ein leicht saures Bodenmilieu, das man beim Anbau im Garten berücksichtigen sollte. Deshalb mulche ich sie jährlich mehrfach mit einem Gemisch aus Holzspänen, Sägespänen, Rasenschnitt und gehäckseltem Stroh. Auf diese Weise lässt sich das Einstreu aus der Kleintierhaltung neben der Kompostierung nutzbringend verwenden.
Schon über mehrere Jahre schädigt der Himbeerprachtkäfer *(Agrillus communis)* meine Himbeeren. Es sind die Larven des Käfers, die in die Rinde der Himbeerstängel eindringen. Die dabei gesammelten Erfahrungen möchte ich gerne weitergeben. Die Himbeerrute verdickt an dieser Stelle, die Blätter vergilben vorzeitig, die Früchte bleiben klein und vertrocknen. Die befallenen Ruten sollen abgeschnitten und vernichtet werden.
Eine Beobachtung im späten Frühjahr machte mich nachdenklich: Einige frische Himbeertriebe verzweigten sich plötzlich außergewöhnlich stark. Zu diesem Zeitpunkt wusste ich noch nicht, dass diese Verzweigung durch die Eigelege des Käfers verursacht wurde.

Schädlingsbefall bei den Himbeeren durch die Larven des Himbeerprachtkäfers.

Schneide ich die krankhaft verzweigte Rute ab, wird die Ertragsbildung durch andere Ruten übernommen und die Himbeeren sind zumindest teilweise gerettet, bevor Schaden auftritt.

Ein mit mir im Erfahrungsaustausch stehender Gartenfreund baute ebenfalls diese Himbeersorte an. Vor dem Auspflanzen der Jungpflanzen grub er zur Bodenverbesserung Pferdemist in die vorgesehene Fläche ein, der bei den Himbeerpflanzen nicht die gewünschte positive Wirkung zeigte (auffallend spärliches Wachstum). Wir diskutierten, wie es dazu kommen konnte. Es handelt sich um einen typischen Anwendungsfehler von Stallmist. Es wurden giftige Zwischenprodukte (Fäulnis) gebildet, die die Pflanzenwurzeln schädigten. Ein Lehrbeispiel dafür, dass Tiermist besser kompostiert oder als Mulchauflage oberflächig in die Erde eingearbeitet werden sollte.

Noch einige Worte zum Obstbau. Die klimatischen Verhältnisse der Elstertallage sind für die meisten im Handel angebotenen Obstsorten nicht ideal. Mit den Erträgen meiner Obstbäume und deren Qualität bin ich weniger zufrieden. Ich wünschte, ich hätte einen Obstbaum von meinem

Reicher Fruchtbehang.bis an den Stamm.

Vorgänger übernommen, wie einige meiner Nachbarn. Bei diesen überlieferten Obstbäumen handelt es sich um alte, bewährte Landsorten, die unseren örtlichen klimatischen Verhältnissen bestens angepasst sind. Es sind Hochstämme, die nach der Satzung des Kleingartenverbandes nicht mehr für Kleingärten zugelassen sind. Erträge und Qualität der Früchte sind für diese ungünstigen Verhältnisse unschlagbar. Wenn bei diesen zu hohen Bäumen ein Verjüngungsschnitt durchgeführt wird, haben sie ein zweites Leben. Dafür gibt es mehrere gute Beispiele in unserer Kleingartenanlage. Positiv wirkte sich der in den letzten Jahren durchgeführte breitflächig ausgestreute Wurmkompost unter meinem Apfelbaum aus. Die Äpfel im folgenden Jahr waren nicht nur zahlreich, sondern auch groß.

Zierpflanzen

Zum Zierpflanzenbau nur so viel: Meine Lieblingsblume ist die Gladiole *(Gladiolus gandavensis)*. Auf dem Höhepunkt meines Gladiolenanbaus vor 20 Jahren umfasste mein Bestand mehr als 1000 Knollen. Am aufregendsten waren in der DDR die Blumentauschgeschäfte mit begehrten und seltenen Gladiolensorten. Je schöner und seltener die Sorte, desto größer waren meist auch die Probleme beim Anbau. Als nach 1990 fasst jede Sorte auf Baumärkten oder Versandhandel zu ordern war, machte der Gladiolenanbau nur noch halb so viel Spaß.

Auf eine Besonderheit des Gladiolenanbaus möchte ich noch hinweisen. Dass man Knollen- und Zwiebelgewächsen nicht frischen organischen Dünger verabreicht, mag bekannt sein.

Eigene Reinfälle erinnern mich nachträglich daran, dass Gladiolen bereits auf Wurzelrückstände der Vorkultur allergisch reagieren können, sodass Winterzwischenfruchtanbau als Vorkultur für Gladiolen ausscheidet. So bewahrheitet sich wieder einmal der Satz: „Ausnahmen bestätigen die Regel." Eine Reihendüngung mit ausgereiftem Wurmhumus hat sich auch hier bewährt.

Erwähnen möchte ich hier, dass es mir mit der Herstellung und Anwendung von Wurmkompost in meiner Gartenparzelle gelungen ist, einen

persönlichen Beitrag zur Verringerung der Treibgasemission zu leisten.
Mit dem reichlich vorhandenen Dauerhumus im Wurmkompost wird nicht nur Stickstoff, sondern noch größere Mengen Kohlenstoff gespeichert, die auf diesem Wege der Atmosphäre (CO_2) entzogen werden. *Schmidt* (2011) rechnet damit, dass ein Humusgehalt von einem Prozent pro Quadratmeter Boden 2,7 Kilogramm Kohlenstoff speichert. Umgerechnet auf den hohen Humusgehalt meiner Gartenparzelle (nur 200 Quadratmeter herangezogen) von über zehn Prozent gegenüber fünf Prozent von allgemein gut versorgten Gartenböden würden auf meiner Gartenfläche nach einer Überschlagsrechnung etwa 2,7 Tonnen Kohlendioxid zusätzlich gespeichert.
Es ist ein kleiner Beitrag den Treibhauseffekt zu mindern. Mit dieser einfachen Rechnung kann sich jeder eine Vorstellung machen, um welch beachtliche Größenordnungen es hier geht, wenn es gelänge, den Humusgehalt der Böden weltweit auch nur um 0,1 Prozent anzuheben. Gegenwärtig läuft jedoch genau der gegenteilige Prozess ab. Anregungen, wie sich die Kohlenstoffspeicherung noch effektiver betreiben ließe, gibt später in diesem Buch..

Jede Pflegearbeit ist ein Eingriff in die Natur

Gartenarbeit ist ein Stück ursprüngliche Auseinandersetzung des Menschen mit der Natur. Sie dient zugleich als Ausgleich für sitzende Büroarbeit und der Erholung, erhält gesund, Seele und Geist kommen zur Ruhe. Gartenarbeit ist ein Schritt zurück zur Natur, den wir mit nützlicher Tätigkeit verbinden, unserer eigenen Kreativität in der Gartengestaltung freien Lauf lassen, um mit einfachen Erfolgserlebnissen beim maßvollen Umgang mit der Natur ein bescheidenes Glück zu finden. Das ist meine Gartenphilosophie.
Als Kleingärtner brauche ich keinen großen Maschinenpark, denn ein gesundes Maß an körperlicher Bewegung ist gewollt. Die meist mit Maschinengebrauch verbundene Lärmbelästigung wird unterbunden, Tiere und Vögel können beobachtet und Vogelgesänge wahrgenommen werden. Meine Erdwürmer werden nicht durch die Verwendung von Boden-

fräsen zerrissen und sterben einen qualvollen Tod. Das machen nur die, die glauben, durch Teilung Regenwürmer vermehren zu können.
Der Garten ist auch ein Ort der Freiheit, kann ich doch unabhängig von Ökonomie und Politik den Garten nach meinen Vorstellungen gestalten und Pflanzen nach meinen Überzeugungen anbauen, soweit es die Gartenordnung einer organisierten Kleingartenanlage zulässt. Wie ich diese Freiheit nutze und wie ich meine Pflanzen anbaue und kultiviere, ist eine Einstellungsfrage, die von mancherlei Faktoren abhängig ist.
Der Anbau und die Kultur von Pflanzen sind von jeher mit unvermeidlichen Eingriffen in die Natur verbunden. Sie sollten jedoch so gering wie möglich gehalten werden. Entsprechend der individuellen Herkunft, ihren Erfahrungen und Kenntnissen, sind Menschen mit Vorurteilen und Zwängen belastet, die sich in unterschiedlichen Auffassungen und Herangehensweisen äußern.
Althergebrachte, anerzogene Auffassungen können sehr zählebig sein. Davon kann sich jeder bei einem Gartenrundgang leicht überzeugen. Dabei kann man die unterschiedlichsten Beobachtungen machen.
Da gibt es die Nachbarn, bei denen Sauberkeit und Ordnung an erster Stelle stehen. Manche Sauberkeit liebende Hausfrau und Gärtnerin sollte vielleicht darüber nachdenken, ob es richtig ist, die Prinzipien von Haushalt und Küche auf den Garten zu übertragen oder ob da eventuell anderes Handeln angebracht wäre, nämlich eines in Übereinstimmung mit der Natur. Die Natur kennt keinen Dreck und keine Unordnung. Sie ist gegenüber solchen Kategorien erhaben, hat ihre eigenen Gesetze, die der Mensch nicht ignorieren sollte. Je aufgeräumter der Garten, desto schlechter für die Natur und deren Bewohner.
Die Nutzungsintensität im Kleingarten ist im Allgemeinen sehr hoch. Deshalb sollte es in jedem Garten Bereiche mit unterschiedlicher Bewirtschaftungsintensität geben, um einen Ausgleich zu schaffen, Orte, die Tiere begünstigen wie Hecken und geschützte Kompostanlage mit Lagerungsmöglichkeiten, die Unterschlupf gewähren. Der Naturschutzgedanke und die Naturverbundenheit nehmen seit geraumer Zeit bei den Menschen eine zunehmende Bedeutung ein.

Ökologische Vielfalt nutzt Gärtnern und der Natur gleichermaßen

Nur der, der auf seinem kleinen Fleckchen Erde Vielfalt anbietet, kann auch eine Vielfalt von Lebewesen (Biodiversität) erwarten, sowohl bei der Kompostierung (Bodenlebewesen) als auch über der Erde (Insektenvielfalt, Vögel und Säugetiere). Die Artenvielfalt ist wiederum die Voraussetzung, dass die Lebensräume (Biotope) in einer ausgeglichenen Wechselwirkung zueinanderstehen.

Ich kann mich noch gut erinnern, als sich vor Jahrzehnten in meinem Garten an einer einzigen Fette Henne-Pflanze *(Sedum)* bis zu einem Dutzend Schwalbenschwanzschmetterlinge *(Papilio machaon)* tummelten, gleichzeitig wohlgemerkt. Bei solch einem Naturschauspiel konnte man ins Schwärmen geraten. Diese Zeit ist schon lange vorbei. Warum wohl? Ist da etwas aus den Fugen geraten, hat sich da etwas trotz aller eingeleiteten Naturschutzmaßnahmen zu unserer aller Ungunsten verändert?

Viele Kleingärtner haben die Zeichen der Zeit verstanden. Ganz in meiner Nähe hat ein Gartenfreund Vogelnistkästen an seinen Bäumen angebracht, um den Gartenvögeln Hilfestellung bei der Vermehrung zu geben. In von Umwelt- und Naturschützern gepflegten öffentlichen Anlagen kann sich manch interessierter Gärtner ein Bild davon machen, wie das Leben und Überleben bedrohter Tierarten in unserer Heimat unterstützt und gesichert werden kann.

Es gibt mehrere Maßnahmen, um Flora und Fauna im Garten in ihrer Vielfalt zu fördern. Die meisten werden als solche gar nicht wahrgenommen.

Zierrasen, der in den meisten Gärten zur Selbstverständlichkeit gehört, ist zwar schön anzuschauen, aber ökologisch eher bedenklich. Im Herbst zum Beispiel sollte der Garten nicht vollständig ausgeräumt werden. Verdorrte ausgereifte Gras- und krautige Staudenbüschel lasse ich nach Möglichkeit stehen, der Samen und die Samenstände dienen nicht nur als Wintervorrat und Überwinterungsmöglichkeit, sondern können im winterlichen Garten sehr romantisch aussehen.

Kuhn (2007) führt in seinem Artikel: "Alles sauber, alles rein?" aus: „Hohe Artenvielfalt braucht vielfältige Nutzung mit unterschiedlicher Intensität; je kleiner die Flächeneinheiten sind, um so vielfältiger kann sich diese entwickeln".

Mein Kompostplatz hinter dem Gartenhäuschen und das sich anschließende Terrain, einschließlich eines vergreisten Apfelbaumhochstammes außerhalb der Anlage, dessen überhängende Äste mich mit einer Unmenge Fallobst beglücken, nimmt in der Nutzungsintensität meines Gartens eine niedrige Stufe ein. Diese kleinen Äpfel entsprechen nicht mehr unseren gehobenen Ansprüchen, bleiben größtenteils liegen und beginnen zu faulen. Nicht immer ein schöner Anblick. Anfänglich setzte ich mich dafür ein, diesen vergreisten Baum zu fällen. Zwischenzeitlich habe ich mich mit seiner Anwesenheit arrangiert. Es ist nicht alles schlecht, was von ihm ausgeht. Einen Teil der Äpfel sammle ich je nach Bedarf als Winterfutter für meine Kompostwürmer ein und sorge so für einen abwechslungsreichen Speiseplan. Die verbliebenen Äpfel werden im Herbst und Winter von den unterschiedlichsten Tieren als Futterquelle genutzt.

Man muss sich nur still verhalten und abends in der Dämmerung die Augen offen halten, dann kann man selbst scheue bzw. dämmerungsaktive Tiere sehen, wie z.B. Igel oder ein Nutria *(Myocastor coypus)* der einen Ausflug vom Elsterufer nicht scheut, um sich einen Apfel zu ergattern. Im Winter sind mir die Scharen von Vögeln nicht entgangen, die ein kleines Feuerwerk veranstalteten, so zerpickten, zerhackten und verspritzten sie die matschigen angefrorenen Falläpfel. Auch das sichert das Überleben und sollte unser Verständnis finden. Einen künstlich angelegten Vogelfutterplatz kann ich mir auf diese Weise sparen. Schon kleine Maßnahmen und überlegte Veränderungen können für die Gartenmitbewohner sehr hilfreich sein.

Ich überlasse in meinem Garten einiges der Natur, d.h. dem Zufall. Gleichzeitig bringt es Arbeitsersparnis. Dazu gehört auch die Selbstaussaat von Pflanzen, z.B. von der Königskerze *(Verbascum densiflorum)*, der Spiegelblume, dem Mutterkraut *(Matricaria odorata)*, der Roten Lichtnelke *(Silene dioica)* und dem Pfaffenhütchen (*Euonymus europaeus)* am Teich. Ich greife nur noch regulierend ein. So die Grundidee. Vorsicht ist allerdings geboten. Der Gelbe Winterling *(Eranthis hyemalis)* wurde bei mir zur Plage. Mir ging es wie *Goethes* Zauberlehrling: „Die Geister, die ich rief, werd´ ich nicht mehr los." Das kann mich aber nicht davon abhalten, auch weiterhin den Zufall der Natur in meine Gartengestaltung einzubeziehen. Die menschliche Vorstellung und Kreativität und die unendliche Vielfalt der Natur, ihr Zusammenspiel und ihre Vermischung ist für mich das Wahre und nicht nachahmbare Einmalige. Dann weiß ich genau, dieses Arrangement ist einmalig, das gibt es nicht ein zweites Mal. Vorausgesetzt, der einzelne Mensch sieht es überhaupt. Aber als Hobbyfotograf habe ich dafür ein geschultes Auge.

Vorbereitung des Gartens und des Bodens auf den Winter

Das Umgraben der Beete im Herbst gehörte lange Zeit in unserer Gartenanlage zum Standard. Wer dem nicht nachkam, wurde als liederlich eingeschätzt.
Durch wendendes Umgraben werden die von unterschiedlichen Bodenorganismen besiedelten Bodenschichten auf den Kopf gestellt (Zell- und Plasmagare). Der sauber umgegrabene Boden mag für die Mehrzahl der Gärtner ordentlich und sauber aussehen. In dem nun kahlen und ungeschützten Boden sind die Bodenlebewesen schutzlos Wind und Wetter ausgesetzt, was deren Entwicklung nachhaltig schaden kann. Dadurch sinkt das biologische Potenzial und die Aktivität der Mikroorganismen des Bodens, was dem Biogärtner nicht gleichgültig sein kann, ist es doch das kleine ABC seiner Ideologie. Für den Biogärtner gilt ein anderer Ruf: „Iii! Da ist jemand nackt, und zwar der Boden."
Da die Lockerung von schweren Böden und deren Belüftung vorteilhaft ist, verzichte ich nur hin und wieder völlig auf die herbstliche Bodenbearbeitung. Ich habe mir bei Biogärtnern die nicht wendende herbstliche Bodenbearbeitung, das Lockern mit der Grabegabel, abgeschaut.
Dabei bleibt die Schichtung der Bodenkrume erhalten. Es schont den Boden, auf den ich zusätzlich noch mehr oder weniger viel Mulch auftrage. Es ist ein Trugschluss, wenn jemand denkt, man könne von heute auf morgen zur sogenannten pfluglosen Bodenbearbeitung und zum Bioanbau übergehen. Zuvor müssen vom Gärtner durch Zufuhr von Kompost (insbesondere Wurmkompost) und geeigneter Maßnahmen die notwendigen Grundlagen für die Aktivierung des Bodenlebens geschaffen wer-

den, denn die Lebensvorgänge des Edaphons brauchen Zeit sich aufzubauen, bevor sie die mechanische Bodenbearbeitung ersetzen können. Das kann mehrere Jahre dauern.
Der Klein- und Hausgärtner hat die Wahl sich zu entscheiden zwischen althergebrachten Zöpfen, dem vermeintlich ordentlichen schönen Aussehen seiner Beete oder einer bewusst ökologischen Vorgehensweise, zugunsten der Bodenlebewesen in seinem Boden und deren vorsorglicher Ernährung. Dieser gute Zweck lässt mir zweckdienliche Maßnahmen in einem anderen Licht erscheinen. Als Biogärtner nehme ich Rücksicht auf das „Outfit" meines Gartens, in dem ich auswähle, ob ich die Pflanzenabfälle als Bodenbedeckung nutze oder sie der Kompostanlage zu führe.

Schlussfolgerungen, Ratschläge und Ausblick

Guter Kompost ist selten

D Die Kompostwirtschaft ist für die meisten Gartenfreunde in unserer Kleingartenanlage als ein fester Bestandteil der Bodenbewirtschaftung in unserer Gartenanlage anzusehen. Nach meinen Recherchen sind die hergestellten herkömmlichen Komposte in qualitativer Hinsicht recht unterschiedlich zu bewerten. Soweit ich das überblicke, kommen nur wenige Gartenfreunde der Anlage ohne zugekauften mineralischen Zusatzdünger aus. Schon aus der Ferne sieht man den ausgestreuten „Blaudünger" (ein gebräuchlicher Stickstoff-Phosphor-Kalium-[NPK]-Mischdünger) leuchten.
Das lässt Rückschlüsse auf Menge und Qualität des verwendeten Kompostes zu.
Es bewahrheitet sich die Feststellung, dass ein guter Kompost selten ist. Warum? Weil die überwiegende Mehrheit aus Tradition dem herkömmlichen Kompostverfahren (Heißkompostierung) verhaftet ist, das bereits vom Verfahren her mit gravierenden Mängeln (Emissionen und Auswaschung von Nährstoffen) belastet ist und zu erheblichen Energie- und Substanzverlusten führt. Zusätzlich zu diesem prinzipiellen Handicap treten verfahrensbedingt leicht Kompostierungsfehler auf, die sich unweigerlich zusätzlich negativ auf die Kompostqualität auswirken. Der Dauerhumusanteil bei diesem Verfahren ist im Durchschnitt ohnehin gering. Der Kompost enthält meist viel Nährhumus, der schnell abgebaut wird und kurzfristig zu Überdüngung und Nährstoffauswaschung führen kann.
Der erzeugte herkömmliche Kompost entspricht nicht den Anforderungen zur langfristigen Bodenverbesserung, um die Gartenerde langfristig mit Humus anzureichern sowie eine stabile Grundlage für ein gesundes Pflanzenwachstum zu legen. Die meisten Gartenfreunde wissen sich nicht anders zu helfen, als den offensichtlich minderwertigen Kompost, mit der

zusätzlichen Anwendung von chemisch hergestellten Düngemitteln zu kompensieren. Der Kleingärtner wird allein gelassen.

Da kommt das „Superangebot“ der Baumärkte gerade recht. Besonders die Mehrnährstoffdünger machen das Rennen. Da der Kleingärtner nicht weiß, welcher Nährstoff fehlt, greift er gern zum Mehrnährstoffdünger („Blaudünger“), in der Meinung, damit kann er nichts falsch machen. Man nennt ihn deshalb auch „Blaudüngergärtner“.

Bodenanalysen bringen Aufklärung. Der Boden von Kleingärten ist sowohl laut statistischen Erhebungen als auch nach meinen eigenen Erfahrungen als langjähriger Gartenfachberater häufig mit Phosphor und Kalium überdüngt.

Unter unseren Bodenbedingungen würde also die Kompostgabe völlig ausreichen, die Grunddüngung mit Phosphor und Kalium abzusichern. Für den erheblich höheren Stickstoffbedarf beim Anbau von sogenannten Starkzehrern im Gemüseanbau ist der NPK-Dünger („Blaudünger“) nicht konzipiert. Hier würde ein Stickstoffeinzeldünger helfen.

Die Chemieindustrie nutzt die Unwissenheit aus, um sich am schönen Hobby des Gärtnerns mit einem verwirrenden Angebot von Produkten eine „goldene Nase“ zu verdienen.

Zudem ist sich der Kleingärtner anscheinend nicht bewusst, dass er mit der Anwendung von Kunstdünger den eingeschlagenen Weg des Biogärtnerns soeben verlassen hat und seinem Boden und sich eher schadet. Der Kleingärtner sollte sich deshalb nach anderen Alternativen umsehen. Wie bekommen wir das Problem in den Griff, ohne ökologische Richtlinien zu verletzen? Die konventionelle Heißkompostierung ist ausgereizt. Es bedarf eines völlig neuen Kompostes, eines Kaltkompostes mit qualitativ besseren Eigenschaften, der den hohen Anforderungen entspricht, Mikroorganismen und Pflanzen über einen längeren Zeitraum zu versorgen. Es braucht kein neuer Kompost erfunden zu werden. Er existiert bereits in Form von Wurmkompost. In den zurückliegenden Kapiteln wurde von mir dieser „Superkompost“ ausführlich untersucht und beschrieben.

Mit der Wurmkompostierung hat der Gärtner es in der Hand, einen guten Kompost herzustellen und anzuwenden. Der Humuswurm macht seiner Gilde alle Ehre. Er ist als Erdwurm Humusbereiter und Kompostierungsbeschleuniger in einem.

Dieser Dauerhumus ist Garant für Dauerfruchtbarkeit der Gartenerde. Ab einem bestimmten Humusgehalt der Gartenerde ist dieser in der Lage, die Kulturpflanze ganzjährig zu ernähren. Die lästige Nachdüngung entfällt. Eine besondere Eigenschaft von Wurmhumus: Er wirkt sowohl schnell (als Kopfdünger) als auch langfristig (Langzeitdünger).

Wurmhumus ist der Plasmagare im organischen Landbau zuordnen, d.h., es handelt sich um einen reifen Kompost, der eine Pflanzenschädigung ausschließt. Ist es gelungen, ein hohes Humusniveau aufzubauen, kann die jährliche Wurmhumuszufuhr verringert werden.
Durch die gezielte und breite Anwendung von Wurmhumus bzw. Wurmkompost im Garten lässt sich dieser langwierige Prozess der Dauerhumusbevorratung vereinfachen und verkürzen.

Der Stickstoff nimmt in diesem System eine besondere Rolle ein, ist er doch der Motor des Pflanzenwachstums. Es ist deshalb unser Ziel, einen möglichst stickstoffreichen Wurmkompost herzustellen. Tierische Fäkalien als Ausgangsmaterial zur Kompostierung sind nicht nur erlaubt, sondern erwünscht. Besteht diese Möglichkeit nicht, sollte der Gärtner vorbeugend zur Wurmhumusanwendung etwas Hornmehl als langsam wirkenden organischen Einzeldünger ausstreuen, um einen eventuell auftretenden Stickstoffmangel abzufangen.
Wir wären schlechte Biogärtner, würden wir uns in unserer Argumentation auf die Nährstoffversorgung beschränken und nicht das große Ganze sehen. Es sind dies die vielen Vorteile, die der Wurmhumus und die Wurmtätigkeit für einen intakten Boden bringen. Zu nennen sind hier: Durchlüftung, Wasserhaushalt, Bodenstruktur, Bodenerwärmung, Bodenleben und ein ökologisch orientierter Pflanzenanbau. Das alles sind Vorteile für eine nachhaltige Entwicklung im Garten- und Landbau, die letztendlich auch Natur und Umwelt zugute kommen.

Die ganze Kunst der Bodenkultur auf ökologischer Grundlage besteht eigentlich nur darin, das Edaphon nicht nur am Leben zu halten, sondern es durch reichliche Zufuhr organischer Futterstoffe zu fördern und so für dessen Vermehrung zu sorgen. Man spricht auch von der sogenannten

Verlebendigung des Bodens. Die Lebensvorgänge der Bodenlebewesen veranlassen dann alles Weitere. Wer das erst einmal begriffen hat, mit dem braucht man nicht über Sinn und Wert von Kompostierung, Fruchtfolge, Mulchanwendung, Bodenbedeckung, Gründüngung und Winterzwischenfruchtanbau zu diskutieren. Es dient alles einem Zweck, die Ernährungsgrundlage eines artenreichen Bodenlebens auf einen bestimmten, nach Möglichkeit hohem Niveau zu halten, die verlustarme Umwandlung von organischer Masse in Humus, besonders in Dauerhumus, zu fördern, der angetrieben von der Biosphäre zur langsam fließenden Nährstoffquelle wird.

Ratschläge für Einsteiger

Humuswurmeinsteigern fehlt noch das Verständnis für die Wurmkultur. Sie müssen sich erst auf die Anforderungen und Vorlieben des Kompost- oder Humuswurms *(Eisenia foetida)* einstellen. Sie sind froh, einen Eimer Wurmsubstrat (organisches Material einschließlich Würmer) erworben zu haben und denken, alles Weitere wird sich schon finden. In Wirklichkeit fangen damit die Probleme erst an. Aus eigener Erfahrung weiß ich, dass der Einstieg in die Wurmkultur eine Hürde sein kann.

Es sind einige Dinge zu beachten, ohne die der weitere Anzuchterfolg infrage gestellt ist. Dies konnte ich nicht nur bei mir beobachten, sondern auch bei anderen Gartenfreunden.
Es sind immer die gleichen Fehler: Trotz eindringlicher Hinweise und Warnungen werden die erworbenen Humuswürmer dem vorhandenen Komposthaufen zugesetzt, mit der Begründung, darin haben sie genügend Platz, um sich auszubreiten und zu entwickeln.
Die relativ kleine Menge der Würmer verläuft sich im großen Volumen der vorhandenen Kompostmiete und „wurde nicht mehr gesehen". Was ist passiert?
Man hat außer Acht gelassen, dass Humuswürmer gesellige Wesen sind, sie brauchen den Kontakt zueinander, schon wegen der Fortpflanzung, obwohl sie Zwitter sind.

Besonders zu Beginn der Wurmhaltung ist es deshalb notwendig, den Lebensraum der Würmer zu begrenzen. Der Bau einer kleinen Wurmkiste aus alten Brettern oder eine Art kleines Frühbeet bereitet keinen großen Aufwand, leistet aber wertvolle Dienste.
Wichtig ist, dass die Anzahl der Würmer zu Fläche und Futtermenge in einem bestimmten Verhältnis stehen muss: z.B. zwei Eimer Würmer einschließlich Substrat auf einer halben bis einem Quadratmeter großen Fläche. Der Anfangswurmbestand (1000 bis 3000 Exemplare) entscheidet über den Erfolg der weiteren Wurmhaltung. Lieber einige Würmer mehr einsetzen als zu wenige.
Der Untergrund der Anzuchtfläche wird gelockert und mit einem Maschendrahtgitter gegen Fressfeinde (Maulwurf) von unten geschützt.
Darauf kommt eine Schicht (etwa zehn Zentimeter) stark verrotteten Materials, wie z.B. Kompost, Gartenerde und angerotteter Mist. Es folgt eine zweite Schicht aus halbverrottetem Material (Rohkompost).
Auf diese wird das Wurmsubstrat (große und kleine Würmer einschließlich Eier) ausgebreitet. Obenauf wird das Wurmfutter in dünnen Schichten verteilt. Wenn die Temperatur auf über 30 Grad Celsius ansteigt, dann war die aufgetragene Menge zu hoch. Zur Kontrolle der Temperatur ist ein Bodenthermometer unerlässlich. Alles schön feucht halten.
Bei zusagenden Bedingungen fressen sich die Humuswürmer in wenigen Tagen von unten nach oben durch, denn die Würmer zieht es zu dem frisch aufgebrachten Futter.
Der Abbau der organischen Substanz durch bodeneigene Mikroorganismen beginnt, es sackt zusammen, wird schmierig und teilweise matschig. Jetzt ist der richtige Zeitpunkt für die Würmer gekommen, sie schlürfen den vorverdauten Brei auf und fressen sich durch den Abfall. Bereits vererdeter Kompost ist als Futter weniger gefragt und dient den Würmern eher als Rückzugsgebiet bei eventuell auftretenden ungünstigen Umweltbedingungen, z.B. Frost, großer Hitze und Trockenheit.
Besonders am Anfang ist es wichtig, „Leckerli" zu verabreichen, mundgerechtes Futter, z.B. Rasenschnitt, gemischt mit Strohhäcksel, Kaffeesatz, angefeuchtete Wellpappe und nach Möglichkeit etwas mit Wasser verdünntem Stalldung (z.B. Kuhdung), um das C/N-Verhältnis optimal zu gestalten (30 :1).

Im Sommer bei trockenem Wetter ist es günstig, die Anlage von Zeit zu Zeit leicht mit Wasser zu überbrausen und schattig zu halten. Erdwürmer lieben die Dunkelheit, arbeiten im Verborgenen.
Die Wurmhumus-Kompostierung verlangt mehr Feuchtigkeit als die herkömmliche Kompostierung (Faustprobe). Vor lang anhaltendem Starkregen (tagelang) ist die Wurmanlage allerdings zu schützen. Das gilt übrigens auch für die herkömmliche Kompostierung.
Zuviel Wasser verdrängt die Luft im Substrat, in dem der lebensnotwendige Sauerstoff sowohl für die Bodenmikroorganismen als auch für die Würmer enthalten ist.
Außerdem besteht bei großer Nässe nachts die Gefahr des Auswanderns der Würmer, besonders bei Futtermangel und großem Populationsdruck.
Es gibt also doch einige Gesichtspunkte, die vom Humuswurmanfänger für einen erfolgreichen Start zu beachten sind:

- ausreichend hoher Anfangsbestand
- ausgeglichenes Verhältnis zwischen Wurmbestand und Futterangebot
- Aktionsradius der Würmer durch geeignete Maßnahmen begrenzen
- Humuswürmer von unten nach oben fressen lassen
- ausgeglichenes Futterangebot: feuchtes mit trockenem, stickstoffreiches (Mist, frischer Rasenschnitt) mit kohlenstoffreichem Material (Stroh und Holzschnitzel) mischen
- öfter kleine Futterschichten aufbringen, genügend feucht halten, Überhitzung vermeiden
- grobes Material (Äste und verholzte Strünke) nach Möglichkeit schreddern und untermischen.

Die schwerste Prüfung steht dem Neuling aber noch bevor: die erste Überwinterung der Wärme liebenden Würmchen. Es ist sicherlich das größte Risiko in der Wurmhaltung überhaupt und damit eine echte Bewährungsprobe für den jungen Wurmhalter. Nur Mut, einige kommen immer durch.

Bei der stationären Freilandhaltung gibt es zur Überwinterung zwei Möglichkeiten:
Variante 1: Zufuhr größerer Futtermengen sowie Einpacken der Anlage mit gegen Nässe, Kälte und Frost schützenden Materialien wie Pappkarton und wasserundurchlässigen Planen bzw. Matten. Anschließend lässt man die Anlage ruhen und wartet darauf, dass sich die Würmer, die sich in frostfreie Schichten zurückgezogen haben, mit beginnender Erwärmung im Frühjahr wieder melden und höher gelegene Schichten aufsuchen.
Variante 2: Es wird die gesamte Winterperiode durchgefüttert. Durch die Selbsterwärmung des Futters (Fermentationswärme) wird für die entsprechende Betriebstemperatur in der Kompostanlage gesorgt, plus 10 Grad bis 25 Grad Celsius, sodass die Würmer ohne Unterbrechung weiterarbeiten können. Zur Abdeckung nach außen (Plane) sollte ein ausreichender Luftraum (20 bis 30 Zentimeter) verbleiben.
Bei meiner ersten Überwinterung verfuhr ich nach Variante 1 (hohes Risiko), bei allen weiteren nach Variante 2. Sie bietet größere Sicherheit, ist aber mit größerem Betreuungsaufwand verbunden. Ich habe diese Variante soweit ausgebaut, dass man von einer regelrechten Winterhaltung sprechen kann. Mit der Einstellung: „Ich probiere es, mal sehen, was dabei herauskommt", ist es nicht getan.
Bei freundlicher Beachtung dieser einfachen Hinweise und Ratschläge kann einem mehrmaligen kostspieligen Neustart vorgebeugt werden. Kompostwürmer zu halten und zu vermehren ist keine Kunst. Jeder kann es erlernen. Es bedarf jedoch der Anleitung und grundlegender naturwissenschaftlicher Kenntnisse.

Vielfältiger Einsatz von Effektiven Mikroorganismen

So möchte ich die sogenannten Effektiven Mikroorganismen erwähnen, die schon vor etwa 30 Jahren von japanischen Wissenschaftlern als sogenannte Multimikrobengesellschaft zusammengestellt worden ist und über die es umfangreiche deutschsprachige Literatur und auch verschiedene Produzenten im deutschsprachigen Raum gibt.

Es handelt sich um eine Mischung von wichtigen, d.h. äußerst nützlichen Mikroorganismen wie Milchsäurebakterien, Fotosynthesebakterien und Hefen. Sie gehören zu den regenerativen, fermentativen Mikroorganismen. Im Gegensatz zur Kompostierung, die unter aeroben Bedingungen stattfindet, läuft die Fermentation des organischen Materials bei der Anwendung von Effektiven Mikroorganismen unter anaeroben Bedingungen ab, unterdrückt Fäulnis und erhöht durch mikrobielle Stoffwechselprodukte die Fruchtbarkeit des Bodens.
Vor Jahren nahm ich Kontakt zu einem Handelsvertreter einer der beiden deutschen EM-Erzeuger auf, um das besagte EM speziell seiner Firma auszuprobieren. Zuerst sollte mein Gartenteich mikrobiologisch einer Sanierung unterzogen werden, dass unter Anleitung und trotz erhöhter Aufwendungen nicht die erhoffte Wirkung zeigte. Auf weitere Anwendungen, wie zum Beispiel die Herstellung von Bokashi (organische „Abfälle", die mit Effektiven Mikroorganismen fermentiert werden) zur Bereicherung der Bodenfruchtbarkeit, habe ich verzichtet. Meinen EM-Berater, Vertreter einer der gewerblichen Hersteller von EM-Präparaten, hatte ich meine Wurmhumuserzeugung vorgestellt. Er stellte mir die für ihn selbst geschäftsschädigende Frage, warum ich nach einem EM-Präparat Ausschau halte, da ich doch in meinem Garten über genügend wertvollen Wurmkompost verfüge. Da musste ich ihm recht geben und verzichtete auf weitere Experimente.
Für diese Entscheidung spricht auch, dass ein EM-Präparat immer wieder zugekauft werden muss (obwohl man aus einer Stammlösung preiswert eine einmalige Aufvermehrung selbst machen kann; aus einem Liter Stammlösung macht man 30 Liter Aufvermehrung, das sogenannte EMa), während ich bei der Wurmkompostierung völlig unabhängig von Zukäufen bin und somit noch wesentlich kostengünstiger.
Aller Voraussicht nach werde ich mich mit den Effektiven Mikroorganismen zukünftig wieder beschäftigen müssen, denn sie sind doch recht universell einsetzbar und damit zukunftsträchtig (www.mikroveda.eu).

Von der Terra preta zur Biokohle

Aufmerksam verfolge ich seit einigen Jahren Berichte über Funde von Terra preta, einer Schwarzerde im brasilianischen Amazonasregenwald. In diesem tropischen Bereich, wo jeglicher Humus sofort abgebaut wird, sollen vor 500 Jahren etwa fünf bis 25 Millionen Menschen gelebt haben, die auf der Basis von Terra preta eine äußerst erfolgreiche Landwirtschaft betrieben. Das Wissen über diesen Boden geriet mit dem Untergang dieser indianischen Hochkultur und der Eroberung durch die Europäer in Vergessenheit.

Es handelt sich um eine extrem humusreiche Schwarzerde, die zehn bis zwanzig Prozent Humus enthält. Zum Vergleich: Gute Ackerböden enthalten drei, Gartenböden etwa fünf und Wurmkompost immerhin im Durchschnitt 20 Prozent Humus.

Im Gegensatz zu dem in unseren Breiten vorkommenden Humus bleibt dieser sogar unter tropischen Bedingungen stabil, er ist unerschöpflich, verschwindet nicht und soll sogar nachwachsen, schreibt *Peter* (siehe Internethinweis) in ihrem interessanten Artikel.

Dafür sorgt wahrscheinlich die in dieser Erde enthaltene Holzkohle, die sich erst in etwa 1000 Jahren abbauen soll. In diesen fruchtbaren Amazonasböden wurden unter anderem auch große Tongefäße gefunden. Man vermutet, dass darin nährstoffreiche Abfälle einer anaeroben Gärung unterzogen (z.B. Milchsäuregärung) wurden und da wären wir wieder bei den Effektiven Mikroorganismen (EM).

Mit der Herstellung und Anwendung von Holz- bzw. Biokohle allein oder in Verbindung mit EM wird der Atmosphäre Kohlendioxid in großen Mengen entzogen. Damit wird der Klimakiller zum Dauerhumus.

Eines konnte ich bei meinen bisherigen Studien feststellen, nämlich dass auch die schwarze Erde der Indios auf die Prinzipien des ökologischen Landbaus aufbaut, einschließlich einer Kompostierung, denn auch hier geht ohne Bodenleben nichts. Erdwürmer werden durch die „neue" Technologie nicht arbeitslos, im Gegenteil, sie sorgen gemeinsam mit dem Heer der Mikroorganismen (EM) für die Einbeziehung der Biokohle in den sogenannten Ton-Humus-Kohle-Komplex bei der Dauerhumusbildung.

Die Einsicht in diese Zusammenhänge bestärkt mich in meiner Ansicht, dass die Wurmhaltung zum Zwecke der Wurmkompostierung zukunftsorientiert ist, den Schlüssel für die Verlebendigung des Bodens sowie der Einbeziehung der Biokohle in den Kreislauf der organischen Substanz darstellt. Der Holzkohle „wird Leben eingehaucht". Ich bin deshalb optimistisch, dass sich für den interessierten Klein- und Hausgärtner eine Menge Möglichkeiten bei der Suche nach örtlich angepassten Lösungen dieser Technologie ergeben werden.

Wissenschaftler erkannten schnell, dass dieser überlieferte wertvolle (Terra preta-) Boden der Menschheit unschätzbare Dienste leisten könnte. Kohlenstoff und damit CO_2 würde sich mit der Anwendung dieses Wissens über Jahrhunderte und länger im Boden speichern lassen. Der Klimakiller wird im Boden in Form von Kohlenstoff langfristig gebunden.

Vor etwa zehn Jahren haben Wissenschaftler damit begonnen, das Geheimnis der schwarzen Urwalderde zu lüften. An zahlreichen Universitäten in der Schweiz, Deutschland, Österreich, den USA und anderen Ländern wird geforscht, um das Unvorstellbare wieder zu entdecken und für die heutige Menschheit brauchbare Lösungen zu finden.

Die zunehmende Klimaerwärmung unter den Aspekten der gegenwärtigen Entwicklung bestätigt die Weitsicht der Worte von *Henner* (1959) zur grundlegenden Bedeutung der Humuswirtschaft, in dem er ausführte: „Humus zu pflegen ist ein Dienst an der Menschheit und an der Zukunft des Menschen."

Ich möchte meinen kurzen Exkurs schließen mit einem Zitat von *Schmidt* (2011): *„James Lovelock* (ein Mitbegründer der Ökologie als Wissenschaft) bezeichnete einst Biokohle als die vielleicht letzte Chance der Menschheit, doch ist die ökologische und soziale Krise, in der die Zivilisation sich im letzten Jahrhundert manövriert hat, viel zu komplex, als dass sie sich durch ein einfaches Wundermittel noch auflösen ließe. Aber Biokohle könnte tatsächlich zu einem entscheidenden Anstoß des Umdenkens werden." Weiter heißt es dazu: „Die Landwirtschaft steht vor ihrem größten Wandel seit der Industrialisierung."

Man spricht in diesem Zusammenhang auch von der dritten industriellen Revolution.

Schlussgedanken

Als Gärtner und Bewohner dieser Erde kann mir die zukünftige Entwicklung, das Schicksal der Erde als Planet, als Wiege der Menschheit, nicht gleichgültig sein. Ich wüsste schon gerne, wie der Mensch es versteht, die anstehenden Herausforderungen wie die Verschmutzung der Umwelt, die Veränderungen durch den Klimawandel, den Ausstieg aus den zu Ende gehenden fossilen Brennstoffen sowie die Situation der begrenzt zur Verfügung stehenden Ressourcen bei ständig steigender Bevölkerungszahl zu meistern, ohne die uns nachkommenden Generationen übergebührlich zu belasten.

Eine nachhaltige Entwicklung ist ein sehr komplexer Prozess, der sowohl politische, soziale, ökologische und ökonomische Veränderungen nach sich zieht. Es ist eine Aufgabe der gesamten Gesellschaft.

Die Produktion in der modernen industriemäßigen Agrarwirtschaft spiegelt die allgemeine Entwicklung in der Wirtschaft wider, nämlich ständiges Wachstum (daher auch der Name „Wachstumsgesellschaft"). Nur so ist gegenwärtig möglich, die Wirtschaft am Leben zu erhalten. Einhergehend mit den strukturellen Veränderungen der Industrie spricht man auch von der „Postindustriellen Gesellschaft". Die wirtschaftliche Entwicklung steuert sich obendrein noch selbst, durch den Markt (deshalb auch Marktwirtschaft genannt). Diesem Treiben machte die jüngste Finanzkrise ein jähes Ende. Die verschiedenen Namen sollen von der im Prinzip gleich bleibenden, negativ besetzten kapitalistischen Wirtschaftsweise ablenken. Eine nette Bezeichnung habe ich noch vergessen: Wohlstandsgesellschaft! Wer möchte da nicht mitmachen?

„Geplante Obsoleszenz" und Überbevölkerung – eine Tragödie für den Planeten

Schon in der Vergangenheit waren die Kapitaleigner darin recht erfinderisch das wirtschaftspolitische System aufrechtzuerhalten, z. B. durch die sogenannte geplante Obsoleszenz. Das heißt, bei zahlreichen Produkten

wurde der Verschleiß vorprogrammiert. Seien es Glühlampen (am besten dokumentiert), Nylonstrümpfe, Computer oder Handys. Der Kunde soll ein defektes Gerät nicht reparieren lassen, sondern das Altgerät entsorgen und sich ein neues anschaffen. Es handelt sich um die bewusste Verkürzung der Lebensdauer von Industrieerzeugnissen.
Es ist ein Kaufen für die Müllhalde: „Ein Artikel, der sich nicht abnutzt, ist eine Tragödie fürs Geschäft", sagen die einen. Wir müssen heute ergänzen: „Jedes Produkt, das sich zu schnell abnutzt, ist eine Tragödie für den Planeten." Wenn jemand denkt, hier „beißt" sich was, dem muss ich recht geben.
Seit Jahren haben sich die Bedingungen auf der Erde entscheidend verändert. Mit dem sich immer schneller drehenden Karussell der Wegwerfmentalität werden die Menschen der reichen Länder den neuen Anforderungen nicht gerecht. Die Lebensdauer von Produkten technisch zu verkürzen, ist ein Verbrechen und verstößt gegen ethische Prinzipien. Wer glaubt, geplante Obsoleszenz wäre Geschichte, der irrt sich gewaltig. Versteckt taucht sie immer wieder auf. Sie beweist, dass es bei dieser Produktion nicht um die Bedürfnisbefriedigung des Menschen geht, sondern um Produktionswachstum, weil die Gesellschaft auf Wachstum fixiert ist.
Für mich ist diese sogenannte Wohlstandsgesellschaft keine heilige Kuh. Man sollte nicht nur ihre Vorzüge preisen, die sie hat, sondern auch ihre Nachteile sehen, die tödlich sein können. Bei auftretenden Entgleisungen, Krisen und Gebrechen der gegenwärtigen Gesellschaft wird, um von den wahren Ursachen, vom Wesen des Kapitalismus abzulenken, von den Herrschenden zu allen möglichen gedanklichen Verrenkungen gegriffen und gern auf die Gier und Bereicherung von Einzelpersonen verwiesen, um nicht eingestehen zu müssen, dass es lediglich Ausdruck des Wesens des Kapitalismus in immer neuen Spielarten ist.
Ich möchte hier *Berthold Brecht* (1928) aus der nach wie vor aktuellen Dreigroschenoper zitieren: „Der Mensch an sich ist gut und nicht so roh, nur die Verhältnisse sind nicht so." Das deckt sich mit durchgeführten psychologischen Untersuchungen. Auch die Religionen dieser Welt, einschließlich der christlichen, sind dieser Ansicht. Schon in der Bibel steht: „Geben ist seliger, denn nehmen."

In einer Gesellschaft, als deren oberstes Gebot die Profiterwirtschaftung steht, bleibt das Recht auf Nahrung für alle schon mal auf der Strecke.
Während ich diese Zeilen schreibe, wird die Siebenmilliardengrenze der Weltbevölkerung überschritten. Durch die Überbevölkerung der Erde werden die bestehenden Konflikte weiter zugespitzt. Nach unserem Sprachverständnis tritt die Überbevölkerung besonders in den asiatischen und in einigen weiteren sogenannten Entwicklungsländern auf. Diese Ansicht bedarf einer Revision. Legt man richtigerweise den Ressourcenverbrauch je Einwohner zugrunde, dann sind Europa, die USA und Japan überbevölkert. Der Verbrauch der Menschen in Entwicklungsländern ist verschwindend gering und der Einzelne belastet die Erde kaum.
Ein Beispiel, das uns die Augen öffnen sollte, ist der Energieverbrauch einer einzigen Großstadt wie New York, der die Dimension eines Kontinentes wie Afrika erreicht. Das sollte uns nachdenklich stimmen.
Die einen leben auf Kosten der anderen und sind nicht bereit, ihr süßes Leben freiwillig aufzugeben und versuchen ihre Vorrangstellung beizubehalten bzw. weiter auszubauen.
Es ist eine Binsenweisheit: Armut produziert Überbevölkerung.
Man braucht kein Prophet zu sein, um zu erkennen, dass das auf Dauer nicht gut gehen kann. Bildung und Aufklärung sollen zum Rückgang der Geburtenzahlen und wirtschaftlichen Aufschwung der Entwicklungsländer führen. Dabei kann der westliche Lebensstil kein Vorbild sein. Die wenigen Beispiele sprechen eine klare Sprache. Die westlichen Industriestaaten sind die Verursacher der Umwelt- und Klimakrise und haben deshalb die Pflicht, bei der Bewältigung der Menschheitsprobleme voranzugehen. Da niemand an seinem Lebensstil Abstriche hinnehmen möchte, setzt man zunehmend auf Effektivitätseffekte. Das Bevölkerungswachstum, der Raubbau an Ressourcen und der Klimawandel bringen nach Ansicht von Experten die Erde an die Grenzen ihrer Kapazität.

Vergeudungsökonomie hat ausgedient

Eine Gesellschaft, die auf Konkurrenz und Gewinnstreben aufbaut, zwingt den Kapitaleigner im Kampf um Wettbewerbsvorteile zu einem

immer größer werdenden Einsatz von wissenschaftlich-technischen Vorleistungen. Das ist ein grundlegender gesellschaftlicher Trend, aus dem auch die Landwirtschaft und die gartenbauliche Produktion nicht ausscheren können. Die Umweltschäden, die durch unser ungezügeltes Wachstum in den armen Ländern ausgelöst werden, sind weitaus verheerender als wir uns vorstellen und werden uns eines Tages einholen (neuzeitliche Völkerwanderung).
Im Zuge dieser Wachstumsideologie hat sich eine Vergeudungsökonomie etabliert. Angesichts der Ressourcenverknappung und des Endes des fossilen Zeitalters, der weltweit fortschreitenden schleichenden Versteppung und Verwüstung ehemals fruchtbarer Ländereien sowie der bereits eingesetzten Klimaerwärmung kann sich die Menschheit das gegenwärtige Wirtschaftsmodell nicht mehr leisten.
Mit den bisherigen Instrumentarien der Krisenbewältigung wird diese Frage nicht zu lösen sein. Es ist deshalb mithilfe der modernen Massenmedien eine breite Transparenz aufzubauen, die die Konzerne und Regierungen zwingt, neue Wege zu gehen. Es gibt vereinzelt gute Überlegungen und schüchterne Anfänge, auch in der EU. Es bedarf einer großen gemeinsamen Anstrengung aller fortschrittlichen Menschen, im Internetzeitalter einen neuen Gesellschaftsvertrag herbeizuführen. .
Diese Überlegungen lenken etwas von der friedlichen Gartenromantik ab. Ich glaube, wir sind es unserem Garten, der uns umgebenden Natur sowie deren Bewohnern schuldig, uns gemeinsam für eine tragfähige Zukunft einzusetzen und dafür auch etwas zu tun. Nicht in ferner Zukunft, sondern jetzt!

Hoffnungsvolle neue Entwicklungen und Forderungen

Die Ernährung der Weltbevölkerung ist nicht nur ein Problem der Produktion, sondern eine Frage der Verteilung zwischen Arm und Reich.
Vorstellbar wäre eine freiwillige Gesundheitsvorsorge durch Einschränkung des Fleischkonsums zur Umweltschonung und einer gesünderen Lebensweise. Die „Veredlung" der Nahrung zu Fleisch ist sehr aufwendig und ressourcenintensiv. Die Rahmenbedingungen einer ressourcenbe-

wussten Konsumtion sind deshalb zu stärken. Über eine vegane Ernährungsweise müsste neu nachgedacht werden. Durch nachhaltigen Konsum ist es dem Verbraucher möglich, Einfluss auf die Nachfrage von Lebensmitteln zu nehmen.
Auf der Weltleitmesse für Ökoprodukte, der „BioFach 2011" in Nürnberg wurde mehr Bioanbau gefordert, um die Ernährung der Weltbevölkerung sicherzustellen. Das mag etwas gewagt klingen, wird doch damit normalerweise die Existenzberechtigung der konventionellen industriellen Landwirtschaft begründet. Wie ist das zu verstehen?
Mehr als eine Millionen Menschen auf der Erde hungern. Wenn diese Zahl halbiert werden soll, dürfen wir den Anteil der weltweit zwei Millionen Kleinbauern nicht vergessen, die bis zu 80 Prozent der Nahrungsgüter weltweit in Form von Subsistenzwirtschaft produzieren (Selbstversorgerwirtschaft). Dazu gibt es wissenschaftliche Untersuchungen und schon 2008 kam der Weltagrarbericht zu dem Schluss, dass es lokale Lösungen für die Ernährung geben muss. Es heißt dazu: „Statt es riesigen Lebensmittelkonzernen zu erleichtern, ein Monopol für Nahrungsproduktion zu erlangen und dadurch den Hunger eher zu vergrößern, sei die Förderung von lokalen Kleinproduzenten der richtige Weg." Man spricht auch von Ernährungssouveränität in der sogenannten Dritten Welt. Unter diesem Gesichtspunkt ist die Aussage der Präsidentin des Biodachverbandes IFOAM, bei der Eröffnungsfeier der „BioFach-Messe 2011" zu sehen: „Der facettenreiche, ganzheitliche, agrarökologische Ansatz, für den die biologische Landwirtschaft steht, kann signifikant zu steigendem Einkommen und der Reduzierung von Armut beitragen."
So wie der Weg der Wegwerfgesellschaft nicht fortgesetzt werden kann und darf, so kann und darf der bisherige Weg der Intensivierung einer hoch industrialisierten „modernen" Landwirtschaft nicht endlos fortgesetzt werden. Der Vorsitzende des Bundes ökologische Lebensmittelwirtschaft fasst dies in folgender Argumentation zusammen: "Es kann angesichts des immer bedrohlicher werdenden Klimawandels, der Zerstörung fruchtbarer Böden auf Millionen von Hektar und des dramatischen Schwundes der Biodiversität kein Zweifel daran bestehen, dass nur eine Landwirtschaft zukunftsfähig ist, die im Einklang mit der Natur arbeitet, die auf den Regelmechanismen der Ökosysteme aufbaut, statt mit synthetischen

Produkten und synthetischen Lebensformen gegen sie anzurennen." Andererseits lassen sich das Rad der bisherigen Entwicklung und das erreichte Niveau der Landwirtschaft in den hoch industriellen Ländern auf der Grundlage einer hohen Arbeitsproduktivität nicht einfach zurückdrehen. Der Anspruch auf Sparsamkeit und Effizienzsteigerung ist dagegen unbegrenzt. Experten gehen davon aus, dass sich die industrielle Agrarwirtschaft und der ökologische Anbau in Zukunft aufeinander zu bewegen werden.

Der Run auf organische Masse

Im Rahmen der angestrebten Energiewende soll auch in der Bundesrepublik der Anteil erneuerbarer Energie aus nachwachsenden Rohstoffen in Zukunft in Größenordnungen gesteigert werden.
Was bedeutet das eigentlich? Das Unterfangen geht – milde ausgedrückt – zulasten des Aufkommens an organischem Dünger der örtlichen Landwirtschaft. Damit wird die ohnehin schon dünne Decke von organischen Stoffen wie Stallmist, Stroh usw. der landwirtschaftlichen Humuswirtschaft einfach entzogen und der schon schlecht versorgte Boden weiter geschädigt.
Die zweckentfremdete Verwendung und Vergeudung von organischen Stoffen in der Landwirtschaft ist für die Humuswirtschaft Wegwerfen im Sinne der Wegwerfgesellschaft, denn sie kommen nicht dem von der Natur bestimmten Verwendungszweck zugute und gereichen deshalb der Natur und dem Menschen zum Schaden.
Dem Haus- und Kleingärtner kann es nicht gleichgültig sein, was um seinen Garten herum geschieht. Sein Garten ist integrierter Bestandteil der ihn umgebenden Landschaft. Veränderungen haben unmittelbaren Einfluss auf den Lebensraum und seinen Garten, die Biodiversität, den Wasserhaushalt, die Reinhaltung der Luft, die Bodenlebewesen und das Gleichgewicht der Ökosysteme. Es kann ihn nicht kalt lassen, wenn fast eine Millionen Menschen auf der Erde Hunger leiden. Der Mensch ist erst dann richtig glücklich, wenn es auch den anderen Menschen gut geht.

Ein „Jahr der Mutter Erde" ist überfällig

Die Generalversammlung der Vereinten Nationen hat das Jahr 2011 zum „Internationalen Jahr der Wälder" erklärt. Die Bedeutung des Waldes ist für Natur und Umwelt unverzichtbar. Für die meisten Menschen ist dies verständlich und unterstützenswert. Aber wie sieht es mit dem Boden aus? Diese hohe Anerkennung sollte auch dem Boden entgegengebracht werden. Seine Bedeutung ist meiner Meinung nach noch grundlegender. Er sorgt als Pflanzenstandort erst dafür, dass Pflanzen und Bäume überhaupt wachsen und gedeihen können. Das Jahr des Bodens, der Muttererde, ist überfällig. Aber hier scheiden sich die Geister. Bei der Bodenfürsorge müssten die „totgespritzten" Äcker und die verheerenden Folgen des unverhältnismäßigen Chemieeinsatzes in der Landwirtschaft angesprochen werden, die dazu führten, dass auf unseren Feldern gegenwärtig der Erdwurmbestand zehn bis zwanzig mal niedriger liegt als vor der Chemisierung der Landwirtschaft.

Der Regenwurmbesatz galt lange Zeit als Maßstab für die natürliche Bodenfruchtbarkeit und ist es noch heute im ökologischen Anbau. Ein wichtiger Speicher und Puffer bei der Erhaltung der natürlichen Bodenfruchtbarkeit ist der Humus, insbesondere der Dauerhumus. Er ist in der Lage, gemeinsam mit dem Heer der Bodenorganismen, dem durch den Raubbau bedingten Verfall der Erde entgegen zu wirken. Gute Erde ist inzwischen selten geworden. Nur Feldrandsteifen weisen noch ursprüngliche Artenvielfalt auf. Ein Eingeständnis dieses Missstandes ist die sogenannte Feldrandstreifenförderung des Thüringer Umweltministeriums.

Wer etwas für Natur, Umwelt und Ökologie tun möchte, der sollte sich des landesweit geschundenen Bodens annehmen und dafür sorgen, dass der natürliche Kreislauf der anfallenden organischen Substanz nicht verringert wird, wie es das „Sondermodell Biomasse" in Thüringen vorsieht. Alles andere sind nur schöne Worte. Damit der Boden seiner Funktion gerecht werden kann, darf der gewaltige lebenserhaltende natürliche Kreislauf sowie das Zusammenspiel zwischen oberirdischer und unterirdischer Artenvielfalt von Flora und Fauna nicht eingeschränkt bzw. ausgelöscht werden.

Die Erhaltung der Bodenfunktion hat nicht nur Auswirkungen auf die künftige agrarwirtschaftliche Entwicklung, sondern bereichert auch unseren Garten, den Boden, das Edaphon als Teil unserer verbliebenen und gefährdeten heilen Welt.
Ich bin mir mit der überwiegenden Mehrheit der Weltbevölkerung einig, dass wir uns unsere schöne Erde, den Garten Eden, unseren einzigartigen Planeten, nicht kaputtmachen lassen. Jeder ist angesprochen und kann sich engagieren, bevor es zu spät ist.

Anmerkungen

Einleitung Seite 9

1 Edaphon = Die Gesamtheit der Bodenorganismen, Bodenlebewelt (griech. Edaphos= Erdboden. Der Begriff wurde von dem österreichisch-ungarischen Botaniker, Mikrobiologe und Naturphilosophen *Raoul H. Francé* (1874 -1943) geprägt.

Beitrag zur Humusdiskussion Seite 117

2 Remutation: Von *Schanderl* (1947 und 1964) definiert; bedeutet, dass nach dem Tod von Organismen die im Zellprotoplasma enthaltenen Mitochondrien und Chloroplasten enthaltenen Zellbestandteile nach Auflösung der Zelle (Verrottungsprozess) durch Verselbständigung weiter leben (frei nach *Herwig Pommeresche* 2004, S. 82).

Beitrag zur Humusdiskussion Seite 118

3 Endozytose: Definition *von Daenecke* (2011): „Pflanzen nehmen komplexe lebende organische Substanzen durch Ein- und Ausstülpungen (Versikel) ihrer Zellmembran im Bereich der Außenhaut ihrer Feinwurzeln auf. Sie bauen hierbei lebende organische Moleküle aus den Umbauprozessen der Wurzelschleimhaut aus ihrem Wurzelbereich direkt in ihre Zellstruktur ein. Das sind Eiweißmoleküle, Stärke- oder Chlorophyllkörnchen sowie viele Formen von lebenden Mikroorganismen.“ *Pommeresche* (2004) schreibt: „Endozytose der Pflanzen ist heute beobachtbar und unterstützt und baut die Vorstellung glaubwürdig aus, dass alle Pflanzen sich lebendes Protoplasma in Form von Mikroben durch ihre Wurzelhaare einverleiben und verstoffwechseln.“

Benutzte und weiterführende Literatur

Bockemühl, J.: Vom Leben des Komposthaufens. Philosophisch-Anthroposophischer Verlag W. Schütz u. Co., Basel, 2. Aufl. 1981

Brecht, B.: Dreigroschenoper 1928

Cerutti, H.: Neue Züricher Zeitung (NZZ Folio), 10/2003

Daenecke, A.: Nochmals: Endozytose der Pflanzen. NATÜRLICH GÄRTNERN & ANDERS LEBEN, 3/2011, S. 53-54

Daenecke, A.: Humusschutz im Herbst- und Winterhalbjahr. Neues oder altes Wissen für den Gartenfreund. NATÜRLICH GÄRTNERN & ANDERS LEBEN, 5/2012, S. 21-24

Darwin, C.: Die Bildung der Ackererde durch die Tätigkeit der Würmer. März-Verlag, Berlin und Schlechtenwegen (1881), 1983

Deutsches Institut für Regenwurm-Kulturen e.V.: Anleitung für die leichte und billige Selbstzucht von Regenwürmern zum eigenen Gebrauch beim Angelsport, bei der Kompostierung, in der Forschung, im Unterricht, für Aquarien und Terrarien. Copyright by DIRK e.V., Emmerich 1986

Fellenberg, G.: Boden in Not: vergiftet, verdichtet, verbraucht. Eine Lebensgrundlage wird zerstört. Trias Verlag, Stuttgart 1994

Francé, R. H.: Das Leben im Boden/Das Edaphon. Untersuchungen zur Ökologie der bodenbewohnenden Mikroorganismen. Doppelband. OLV Verlag, 6. Aufl. Kevelaer 2012

Francé-Harrar, A.: Humus – Bodenleben und Fruchtbarkeit. BLV Verlag, München 1958

Gottschall, R.: Kompostierung, Optimale Aufbereitung und Verwendung organischer Materialien im ökologischen Landbau. Verlag C. F. Müller, Karlsruhe 4. Aufl. 1990

Graff, O.: Unsere Regenwürmer (Lexikon für Freunde der Bodenbiologie). Schaper Verlag, Hannover 1983

Henner, G.: Humusfibel für Land-, Garten-, Obst- und Waldbau. Landbauverlag, München 1959

Hennig, E.: Geheimnisse fruchtbarer Böden. Die Humuswirtschaft als Bewahrerin unserer natürlichen Lebensgrundlagen. OLV Verlag, Kevelaer, 5. Aufl. 2011

Heyer, G.: Die Revolution beginnt im Garten. R.A. Parbs & Co., Hamburg, 3. Aufl. 1980

Higa, T.: Eine Revolution zur Rettung der Erde. OLV Verlag Xanten 2000

Howard, A. Sir: Mein landwirtschaftliches Testament. Kompostbereitung und Humusaufbau. OLV Verlag, 2. Aufl. Xanten 2005

Kindler, R.: Der Beitrag makrobieller Biomasse zur Bildung der refrakteren Substanz im Boden (Dissertation, Universität Leipzig 2007, ISSN 1860-0387)

King, F. H.: 4000 Jahre Landbau in China, Korea und Japan. Ein Reisebericht zu Bauern und Gärtnern in Fernost. OLV Verlag, 2. Aufl. Xanten 2005

Kretschmann, K: Mulch total. Der Garten der Zukunft, OLV Verlag, Xanten 2001

Kuhn, W.: Alles sauber, alles rein? Bayrische Landesanstalt für Weinbau und Gartenbau – Veitshöchheim, GalaBau 3/2007, S. 14-17

Lau, K.W.: Effektive Mikroorganismen als Pflanzennahrung. Kreislauf der lebenden Keime als Lebensprinzip. NATÜRLICH GÄRTNERN & ANDERS LEBEN, 2/2011, S. 39-44

Lovelock, J.: Das Gaia-Prinzip – Die Biographie unseres Planeten. Artemis Verlag, Zürich und München 1991

Margulis, L.: Die andere Revolution. Spektrum Akademischer Verlag, Heidelberg, Berlin 1999

Pommeresche, H.: Humussphäre. Humus – ein Stoff oder ein System. OLV Verlag Xanten 2004

Pommeresche, H.: Der andere Gartenbau. Zeitschrift: NATÜRLICH GÄRTNERN & ANDERS LEBEN, 4/2011

Rohde, G.: Lehrbuch der Kompostierung. Deutscher Bauernverlag, Berlin 1957

Rohrhofer, F.: Der Weg zur Humuswirtschaft. OLV-Buchverlag, Oberösterreichischer Landesverlag Gesellschaft mbH. Linz 1983

Rücker, K.: Humus mit und ohne Wurm. Gartenpraxis, 7/1985

Rusch, H.P.: Bodenfruchtbarkeit. Eine Studie biologischen Denkens. OLV Verlag, Xanten 7. Aufl. 2004

Schanderl, H.: Botanische Bakteriologie und Stickstoffhaushalt der Pflanzen auf neuer Grundlage. Verlagsbuchhandlung Eugen Ulmer, Stuttgart 1947

Schanderl, H.: Bodenbakterien in neuer Sicht. Über das Entstehen von Bakterien aus pflanzlichen Zellen. Boden und Gesundheit, Langenburg 1970

Sekera, M.: Gesunder und kranker Boden. Ein praktischer Wegweiser zur Gesunderhaltung des Ackers. OLV Verlag, Kevelaer 2012

Schimmel, H.: Die Doppelnatur des Humus. Humus – ein Stoff oder ein System? NATÜRLICH GÄRTNERN & ANDERS LEBEN 4/2011, S. 52-54

Schimmel, H.: Selbstversorgeranbau schützt vor Vitaminmangel. NATÜRLICH GÄRTNERN & ANDERS LEBEN 6/2011, S. 25-27

Seitz, P.: Garten-Bibliothek: Kompost und Boden. Kosmos Verlag, Stuttgart 1994

Stout, R.: Mulch. Gärtnern ohne Arbeit, pala-verlag, Darmstadt, 4. Aufl. 2000

Tacke, T.: Wohin mit dem Pferdemist ? Entsorgungsanlage mit Regenwürmern für organische Abfälle. Borken, undatiert

Thomsen, K.: Kompost. Natürliches Futter für Ihren Garten. Dorling Kindersley Verlag, London 2007

Valentin, R. et al.: Handbuch der pathogenen Mikroorganismen, Fischer 912

Vermi-HUM: Werbeprospekt. Ohne Jahresangabe

Vogtmann, H.: Ökologische Landwirtschaft. Stiftung Ökologie und Landbau, Verlag C. F. Müller, Karlsruhe 1991

Wagner, H.: Karotte liebt Tomate. Die richtige Pflanzengemeinschaft. Ludwig Verlag, München 2000

Wilde, P.: Anleitung zur Wurmzucht und Humusproduktion zum Züchterseminar in Wilhelmsdorf 1990

Internet:

www.biogaertner.de
Online-Öko-Nachschlagewerk

www.fh-weihenstephan.de/fgw/Forschung

www.ithaka-journal.net
Schmidt, H.-P.: Pflanzenwachstum ohne Wirtschaftswachstum.
Schmidt, H.-P.:
Biokohle – Landwirtschaft als Klimaretter – ein Jahresbericht 2011

www.mikroveda.eu
(Produzent und Vertreiber von Effektiven Mikroorganismen)

www.multikraft.at
Peter, K.: Effektive Mikroorganismen

www.natuga.de/wissen/kompostwurm faq.html

www.regenwurm.de
Kaegelmann, H.; Wilms, P.; Bartram, H.:
Praktische Gebrauchsanleitung zur Humusproduktion und Kompostregenwurmzucht

www.wald.de/wald/boku/humus.htm

Erhard Hennig

Geheimnisse der fruchtbaren Böden

Die Humuswirtschaft als Bewahrerin unserer natürlichen Lebensgrundlagen

5. Auflage. 206 Seiten. Zahlreiche Farb- und SW-Fotos auf Kunstdrucktafeln. Format 14,8 x 21,0 cm, gebunden.

19,90 EURO (D)

ISBN 978-3-922201-09-0

Dieses von einem langjährigen Kenner und anerkannten Fachmann seines Gebietes spannend geschriebene Lehr- und Lesebuch gibt einen nahezu umfassenden und dabei praktisch umsetzbaren Einblick in den schon als schicksalhaft zu bezeichnenden Kreislauf Boden – Pflanze – (Tier) – Mensch. Es lässt den Leser am faszinierenden, geheimnisvollen Leben unserer noch gesunden Böden teilhaben.

Der regional schon als extrem zu bezeichnende Humus- und Mineralstoffmangel, die schleichende Boden- und Grundwasservergiftung und die damit einhergehende Vernichtung der wichtigen Bodenkleinstlebewesen wirken sich mittlerweile nachweisbar auch auf die Gesundheit der sich von solchen Böden ernährenden Menschen aus. Der Autor weiß hier Rat. Sein der Natur in über sechs Jahrzehnten abgeschautes Rezept scheint auf den ersten Blick geradezu simpel: Den Boden immerwährend fruchtbar erhalten.

Dieses Werk wurde in die Sprachen Englisch, Niederländisch und Japanisch übersetzt.

170 Seiten. 24 Farbfotos auf 8 Kunstdrucktafeln und zahlreiche SW-Fotos. Format 14,8 x 21,0 cm, broschiert.

16,90 EURO (D)

ISBN 978-3-922201-18-2

Kurt Kretschmann

Mulch total

Der Garten der Zukunft

Kurt Kretschmann beschäftigte sich über 60 Jahren mit dem Garten zur Eigenversorgung mit hochwertigen Lebensmitteln. Während dieser langen Zeit hat er viel ausprobiert und blieb beim „Total-Mulch-Garten", dem „Garten der Zukunft", wie er selbst als Quintessenz seiner jahrzehntelangen Gartenarbeit formulierte. Er war Landesbeauftragter für Naturschutz im Land Brandenburg. Im Jahr 1954 richtete er mit seiner Frau Erna die weltweit erste Lehrstätte für Naturschutz, „Müritzhof", ein. Weitere Naturschutzaktivitäten und Einrichtungen folgten. Kurt Kretschmann war Ehrenpräsident des Naturschutzbundes Deutschland (NABU) e.V. Im Jahr 1993 erhielt er zusammen mit seiner Frau Erna den Europäischen Umweltpreis.

Alle Bücher erhältlich unter: www.olv-verlag.de

2004. 223 Seiten. 30 farbige Fotos auf 8 Kunstdrucktafeln, 10 SW-Fotos, zahlreiche Skizzen. Format 14,8 x 21 cm, gebunden.
Preis: 22,00 EURO (D)
ISBN 978-3-922201-50-2

Herwig Pommeresche

Humussphäre

Humus – Ein Stoff oder ein System?

Der Autor stellt die Biologie kontra Agrarchemie und führt seine Leser auf eine spannende Art und Weise von der Ressourcennutzung der Steinzeitmenschen über die Situation des Landbaus unserer Tage hin zu seinen Visionen einer biologisch orientierten Agrarkultur der Zukunft. Dabei beschäftigt er sich beispielsweise im Vorfeld seiner Überlegungen und Erkenntnisse auch mit den teilweise genialen Methoden des Nahrungserwerbs der Azteken, des Hunzavolkes und er sogenannten Roggenfinnen. Immer wieder bringt er anschauliche Beispiele aus seinen eigenen jahrzehntelangen Erfahrungen und Forschungen in seinem Bio- und Permakulturgarten in Norwegen. Er beleuchtet in diesem Werk die Theorien verschiedener Landbaupioniere, wie z.B. *Raoul H. Francé, Sir Albert Howard, Rudolf Steiner, Hans Peter Rusch* und *Justus von Liebig* und stellt zusammenfassend die traditionelle Auffassung von Pflanzenernährung.

Raoul H. Francé

Das Leben im Boden/Das Edaphon

Untersuchungen zur Ökologie der bodenbewohnenden Mikroorganismen

6. Auflage. Doppelband. Abbildungen, Tabellen und Fotos. 104 Seiten, Format 14,8 x 21,0 cm, gebunden.
19,90 EURO (D)
ISBN 978-3-922201-02-1

Mit der Neuauflage beider Schriften in einem Band sind die klassischen Arbeiten des großen Naturforschers Raoul H. Francé seit vielen Jahren wieder verfügbar.
Raoul H. Francé, einer der größten biologischen Forscher, hat die aus Mikroorganismen und größeren Bodentieren, wie Tausendfüßlern und Regenwürmern, bestehenden Lebensgemeinschaften des Bodens entdeckt. Seine lebenslangen Studien am Mikroskop und im Laboratorium und auf weltweiten Forschungsreisen erarbeiteten Erkenntnisse hat er unter anderem in „Das Edaphon“ („Das im Boden Lebende“) in wissenschaftlich-allgemeinverständlicher und in „Das Leben im Boden“ in erzählender Form, mit vielen Zeichnungen nach der Natur, dargestellt.
Diese für alle naturkundlich und landbaulich Interessierten bestimmten Texte in diesem Doppelband, mit den vom Verfasser nach der Natur angefertigten Zeichnungen, beruht auf der unendlich geduldigen Kleinarbeit des Forschers.

Alle Bücher erhältlich unter: www.olv-verlag.de

Margareth Sekera

Gesunder und kranker Boden

Ein praktischer Wegweiser zur Gesunderhaltung des Ackers

6. Auflage. 104 Seiten, viele SW-Skizzen, Tabellen und Fotos. Format 14,8 x 21,0 cm, broschiert.
16,90 EURO (D)
ISBN 978-3-922201-84-7

Die wenigsten Bauern bieten ihrer Scholle ein Äquivalent für den Entzug der gesunden Fruchtfolge und des Stallmistes an. Die Erträge werden nur mit sehr hohen Düngergaben, Bewässerung und teurem Maschineneinsatz gehalten. Um aber eine dauernde Bodenfruchtbarkeit zu erhalten, muss man immer mit der Natur und nie gegen sie arbeiten. Dann erst dann ist der Betriebserfolg gesichert und die geleisteten Aufwendungen sind rentabel.
Mit dem Erscheinen der vorliegenden 6. Auflage ist die beliebte Schrift aus der Feder des bekannten Bodenforschers Prof. Dr. Franz Sekera, sorgfältig bearbeitet und erweitert von Dipl. Ing. Margareth Sekera, wieder verfügbar. Von den Grundbegriffen „Bodengare" und „Bodenstruktur" ausgehend, werden die Symptome des Gareschwundes und des Verhaltens von Pflanzen auf garelosen und garen Äckern behandelt und hieraus jene Maßnahmen entwickelt, die zur Heilung beitragen. Jeder Landwirt ist in der Lage, mit einfachsten Untersuchungsmethoden selbst die Diagnose zu stellen und wirksame Abhilfe zu schaffen.

Sir Albert Howard

Mein landwirtschaftliches Testament

Kompostbereitung und Humusaufbau

Ca. 288 Seiten. Zahlreiche SW-Fotos und Skizzen. Format, gebunden.
Preis: 18,00 EURO (D)
ISBN 978-3-922201-01-4

Auszug aus dem Inhalt: Die Bodenbewirtschaftung der Natur – Der Landbau (Landwirtschaft) der ausgestorbenen Völker – Die Arbeitsweise des Orients – Landbaumethoden des Westens (Okzident) – Die Rolle der Bodenfruchtbarkeit in der Landwirtschaft: Die Natur der Bodenfruchtbarkeit – Der Wiederaufbau der Fruchtbarkeit – Das Indore-Verfahren: Die benötigten Rohrstoffe – Gruben oder Haufen – Beschickung der Haufen oder Gruben – Umsetzen des Kompostes – Die Aufbewahrung des Humus – Erzeugung – Praktische Anwendung des Indore-Verfahrens – Kaffee – Tee – Zuckerrohr – Baumwolle – Sisal – Mais – Reis – Gemüse – Weinrebe – Entwicklung des Indore-Verfahrens – Gründüngung – Die Verhinderung der Nitratauswaschung – Die Erzeugung von Humus – Die Verhinderung der Nitratauswaschung mit anschließender Humuserzeugung – Die Reform der Gründüngung – Fortentwicklung des Indore-Verfahrens …

Alle Bücher erhältlich unter: www.olv-verlag.de